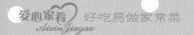
好吃易做的

爽口凉拌

主编○张云甫

编写○工作室 谢宛耘

U0219255

青岛出版社
QINGDAO PUBLISHING HOUSE

用爱做好菜 用心烹佳肴

不忘初心，继续前行。

将时间拨回到 2002 年，青岛出版社"爱心家肴"品牌悄然面世。

在编辑团队的精心打造下，一套采用铜版纸、四色彩印、内容丰富实用的美食书被推向了市场。宛如一枚石子投入了平静的湖面，从一开始激起层层涟漪，到"蝴蝶效应"般兴起惊天骇浪，青岛出版社在美食出版领域的"江湖地位"迅速确立。随着现象级畅销书《新编家常菜谱》在全国摧枯拉朽般热销，青版图书引领美食出版全面进入彩色印刷时代。

市场的积极反馈让我们备受鼓舞，让我们也更加坚定了贴近读者、做读者最想要的美食图书的信念。为读者奉献兼具实用性、欣赏性的图书，成为我们不懈的追求。

时间来到 2017 年，"爱心家肴"品牌迎来了第十五个年头，"爱心家肴"的内涵和外延也在时光的砥砺中，愈加成熟，愈加壮大。

一方面，"爱心家肴"系列保持着一如既往的高品质；另一方面，在内容、版式上也越来越"接地气"。在内容上，更加注重健康实用；在版式上，努力做到时尚大方；在图片上，要求精益求精；在表述上，更倾向于分步详解、化繁为简，让读者快速上手、步步进阶，缩短您与幸福的距离。

2017 年，凝结着我们更多期盼与梦想的"爱心家肴"新鲜出炉了，希望能给您的生活带来温暖和幸福。

2017 版的"爱心家肴"系列，共 20 个品种，分为"好吃易做家常菜""美味新生活""越吃越有味"三个小单元。按菜式、食材等不同维度进行归类，收录的菜品款款色香味俱全，让人有马上动手试一试的冲动。各种烹饪技法一应俱全，能满足全家人对各种口味的需求。

书中绝大部分菜品都配有 3~12 张步骤图演示，便于您一步一步动手实践。另外，部分菜品配有精致的二维码视频，真正做到好吃不难做。通过这些图文并茂的佳肴，我们想传递一种理念，那就是自己做的美味吃起来更放心，在家里吃到的菜肴让人感觉更温馨。

爱心家肴，用爱做好菜，用心烹佳肴。

由于时间仓促，书中难免存在错讹之处，还请广大读者批评指正。

美食生活工作室

2017 年 12 月于青岛

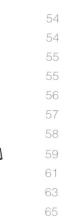
第三章

畜肉禽蛋
开胃下饭

第四章　鱼虾蟹贝
鲜香可口

本书经典菜肴的视频二维码

金蒜紫甘蓝
（图文见 15 页）

蓑衣黄瓜
（图文见 29 页）

酸汤葫芦丝
（图文见 41 页）

剁椒手撕蒜薹
（图文见 59 页）

香拌里脊丝
（图文见 91 页）

第一章

凉菜伴四季

凉拌菜是餐桌上的一道靓丽风景。

开胃爽口，颜色鲜艳。

爱上凉拌菜，不只因为简单。

1 爱上凉拌菜，不只因简单

现代人工作压力大，再加上冬天空调和暖气的大量使用，很容易"上火"，火气难以找到宣泄口，因此，人们一年四季均适宜吃些爽口的凉拌菜。

凉拌菜为营养加分

开胃爽口、颜色鲜艳的凉拌菜是餐桌上的一道风景。现代营养学的研究证明，生吃蔬菜能最大限度地保存食材里的营养，因为蔬菜中的一些人类必需的生物活性物质在加热超过55℃时，内部性质就会发生变化，丧失其保健功能。如蔬菜中所含的维生素C及B族维生素，很容易受到加工及烹调的破坏，生吃和凉拌则有利于营养成分的保存。

另外，蔬菜中还含有一种免疫物质——干扰素诱生剂，它具有抑制人体细胞癌变和抗病毒感染的作用。但这种物质不耐高温，只有生食才能发挥其作用。所以，日常生活中，能生吃的蔬菜，最好生吃，这样能最大限度地减少营养的损失。与煎、炒、炸等烹饪方式相比，凉拌的菜肴少油腻，清淡爽口，开胃下饭。

吃凉拌菜更合乎四季自然规律

四季都有蔬菜，凉拌菜宜选择"当季蔬菜"。如春季可选择菠菜等，夏季可选择黄瓜、苦瓜等，秋季可选择莲藕等，冬季可选择萝卜等。

凉拌菜的取材和食用方式更接近食材的天然属性，许多营养成分能被人更完整地摄入。较之热菜，凉菜热量含量更低，瘦身美容、养生保健的功效更加突出。

现代人生活节奏都很快，常常不能好好吃饭，而凉拌菜的做法简单，既省时又营养丰富，是适宜全家人食用的美味。菜虽然是凉的，但用心调制的过程却有爱的温度。

制作凉菜常用的烹调方法

 拌是把生料或熟料切成丝、条、片、块等，再加上调味料拌匀的一种烹调方法。

操作过程

清洗	选材要新鲜	凉拌菜多数生食或仅经过氽烫，首选新鲜材料，若能选择当季盛产的有机蔬菜更佳。
	清洗要彻底	菜叶根部或菜叶中常附着沙石、虫卵，要仔细冲洗干净。
	水分要沥干	原料中不可留有过多水分，否则会使味道变淡，所以要沥干或抹去水分后再浇上调味汁。
改刀	改刀要一致	所有材料宜改刀成大小均匀的形状。有些新鲜蔬菜可用手撕成小片后拌制，口感会比用刀切要好。
	酱汁要先调和	各种不同的调味料先用小碗调匀，最好放入冰箱冷藏，待要上桌时再和菜肴一起拌匀。
浇汁	冷藏盛菜器皿	盛装凉拌菜的盘子可预先冷藏，冰凉的盘子装上冰凉的菜肴，会增加凉拌菜的清爽口感。
	适时淋上酱汁	不要太早浇入调味酱汁，因多数蔬菜遇盐都会释放水分，从而冲淡调味，因此最好待菜肴准备上桌时再淋上酱汁调拌。

 炝是把切配好的生料经过水烫或滑油，加上盐、味精、花椒油或其他调料拌和的一种凉菜烹调方法。

注意事项

有些蔬菜需焯过后食用	★正如前面所介绍的，并非每一种蔬菜都适合直接生食，有些蔬菜最好放在开水里焯一焯再吃，有些蔬菜则必须烹制熟透后再食用。 ★举例来说，西蓝花、菜花等蔬菜焯过后口感更好，其丰富的纤维素也更容易被利用；而菠菜、竹笋、茭白等蔬菜因富含的草酸会干扰人体对钙的吸收，也应焯过后再烹制。此外，大头菜、马齿苋、莴苣等都应焯过后再食用。

腌是把原料在调味卤汁中浸渍，或用调味品加以涂抹、拌和，使原料中部分水分排出，味汁渗入其中。腌的方法很多，常用的有盐腌、糟腌、醉腌等。

注意事项

★制作糟腌菜时，要根据原料的不同确定糟腌时间。鲜嫩的原料，加热时间不宜过长，断生即可；质地较老的食材，加热时间则要稍长，煮至刚刚酥软即可。此外，香糟不可入锅加热，否则会产生酸味。

★制作醉腌菜时，对选菜的新鲜、洁净程度要求尤为苛刻，需特别注意卫生。凡是遭受了污染的水产品，即便是鲜活的原料，也断然不可用来腌制。

卤是制作凉菜的一种方法。调好的卤汁可长期使用，越用越香。

操作过程

一般卤水调制

◯原料：

生抽3000克，绍兴花雕酒200克，冰糖300克，姜块100克，葱条200克，八角50克，桂皮100克，甘草100克，草果30克，丁香30克，沙姜30克，罗汉果1个，红曲米100克

◯做法：

1.锅入油烧热，爆香葱姜，倒入用生抽、清水、花雕酒和冰糖混匀的料汁，用慢火熬煮。

2.将卤水药材用汤料袋包裹，红曲米另取汤料袋包裹，放入锅内。初次熬卤水时，应将卤水慢火细熬30分钟后再使用，这样香料的香味才能充分溶进卤水中。

酱是一种凉菜烹调技法。一般程序为将原料汆熟，放入用酱油、盐、葱、姜、桂皮、砂仁、茴香等料调制而成的酱汁中，煮熟后放凉即成。

注意事项

★有些酱制菜，为了使肉质硬香且肉色呈胭脂红，可在酱制时加些硝（硝酸盐）。但用硝量必须限制，切不可太多，否则有致癌的可能。

★酱制菜不同于卤制菜。酱制菜在收干时要注意掌握火候，把酱汁不停地舀起浇在主料上，以防煳底。

★主料是炸酱制成的，可先在主料表面涂上酱油，以使主料表面色泽红润。

动物类原料中的胶原蛋白经过蒸煮后充分溶解，冷却后能凝结成冻。此法利用这一特点，把适合的原料蒸煮熟后冻制成凉菜。

操作过程

★ 冻制的原料一般采用富含胶原蛋白的猪肉皮、猪肘子、猪蹄、带皮羊肉等。制作时，把原料放在盛器中，加水和调料，上笼屉蒸烂或放入锅中炖煮烂，然后任其自然冷却或放入冰箱内冷却，待其结冻后即成。

3 做好凉拌菜，汁料是关键

如果将凉菜比作开餐的前奏曲，那么制作凉菜时所需要的调味汁料就是乐队的首席。掌握几份关键汁料的制作方法，将会使凉菜制作变得异彩纷呈，百菜百味。

自制葱油——凉菜必备调味品

➔ **所需食材** 葱白、姜、蒜瓣、香菜根、色拉油（用量可以根据需要自己调节）

➔ **做法**

姜块放在案板上，用刀背拍破，以便更好地释放其辣香味。

去皮的蒜瓣用刀切修整齐。（注意去掉其蒂部）

香菜切下香菜根，留用。（香菜根是制作葱油的提香食材）

葱白切成小段。

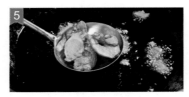

锅中加入色拉油烧热，先将拍好的姜块放入油锅，中火炸至颜色呈金黄色且表皮较干。

锅中再放入葱白段。

随即放入蒜瓣，转小火继续炸制。

加入香菜根后继续保持小火熬制。注意火力不要太大，否则会使材料变煳，影响口感。

炸至所有食材不再冒出水泡，晾凉后捞出炸干的食材。晾凉的葱油放进玻璃盛器中保存。

麻酱小料——芝麻浓香，咸鲜醇正

在制作油麦菜、黄瓜、茄子、豆角等蔬菜类凉菜时，常会用到麻酱小料。自己调制的麻酱味道浓香，咸鲜醇正。

麻酱中含钙量较多，经常适量食用对骨骼、牙齿的发育都有益处；麻酱中所含的铁质比猪肝、鸡蛋黄还高，经常食用不仅对调整偏食厌食有积极的作用，还能纠正和预防缺铁性贫血；麻酱含有丰富的卵磷脂，可防止头发过早变白或脱落；麻酱也是涮肉火锅常用的蘸料，能起到很好的提味作用。

麻酱中热量和脂肪含量较高，不宜多吃，一天食用10克左右即可。

所需食材 芝麻酱4茶匙，白芝麻2茶匙，盐2克，纯净水10克，蒜泥20克

做法

芝麻酱中加入净水调开。水不宜一次添加太多，随调随加。

锅中放2茶匙白芝麻，小火炒熟后碾碎，加到调和好的麻酱料里。

加入盐和蒜泥即可。蒜泥具有杀菌消毒提味的作用。

蒜泥小料——蒜香浓郁，咸鲜微辣

将大蒜去皮，捣碎成泥状，就成了蒜泥，多用作佐料，以前还常作为药物替代品。下面介绍的蒜泥小料，蒜香浓郁、咸鲜微辣，是调制凉菜的好伴侣。除了蔬菜类食材，蒜泥还特别适合与熟鸡肉、猪肉、兔肉等搭配。

大蒜味辛、性温，入脾、胃、肺经，具有温中消食、行滞气、暖脾胃、消积、解毒、杀虫的功效。大蒜中的大蒜素可以抑制有利于肿瘤发生的酶的活性，预防和抑制幽门螺旋杆菌（Hp）（世界卫生组织已把Hp定义为I类致癌物）的感染。

所需食材 蒜瓣50克，熟芝麻5克，香油10克，盐2克，陈醋5茶匙，糖1茶匙，红油2克

做法

1. 将蒜瓣放入蒜罐（蒜臼）中捣碎。（捣蒜也是有技巧的，蒜瓣放进蒜罐后稍加一点盐和水再捣，捣出来的蒜汁就会很黏稠了）
2. 将蒜泥、香油、红油、盐、陈醋、糖混合调匀，最后加入熟芝麻拌匀即可。

姜汁小料——姜味醇厚，咸酸爽口

姜汁通常是将鲜姜用刀削去外皮，切成薄片，再切成小细丝，然后剁成末，放入干净的容器中，加入醋、盐、香油等调拌均匀而制成。姜汁具有散寒、止呕的功效。

下面介绍的姜汁小料还添加了蒜末和葱油等，使其姜味醇厚，咸酸爽口，比较适合于鸡肉、兔肉、猪肘、猪肚等肉类的调拌，对根茎类蔬菜也同样适用。

所需食材 姜汁1茶匙，姜末半茶匙，蒜末半茶匙，陈醋4茶匙，盐半茶匙，酱油1茶匙，葱油1茶匙，蚝油1茶匙

做法

将姜汁、姜末、蒜末、盐、陈醋、酱油、蚝油混合，加入葱油调匀即可。

香糟小料——醇香回甜，滋味悠长

醪糟，又叫酒酿、甜酒。醪糟是由糯米发酵而制成的，夏天可以解暑。其酿制工艺简单，口味香甜醇美，乙醇含量极少，因此深受人们喜爱。以醪糟等为原料调制的香糟汁有其独特的风味，适合的菜品包括鸡翅、猪蹄、莲藕、鸡鸭内脏、冬笋、小黄鱼等。福建菜中好多菜肴就以此闻名。上海、杭州、苏州等地的菜肴也多有使用。

醪糟虽然口味鲜美、营养丰富，但并不适宜每个人食用，如患有肝病（急、慢性肝炎，肝硬化等）则不宜喝醪糟，因酒精对肝细胞有直接刺激作用。

所需食材 香糟汁（或醪糟）、盐、香油等

做法 将香糟汁（或醪糟）、盐、香油等调制混合均匀即成。

椒麻小料——麻辣辛香，味咸而鲜

椒麻味是很多人喜欢的口味。花椒在川菜中使用极多，是调制椒麻味的主要原料。椒麻味的特点是椒麻辛香，味咸而鲜。传统的椒麻小料主要是将葱、花椒剁成碎末，配以盐、酱油、醋、味精、香油调制而成，深受人们的喜爱。如今的椒麻味菜式不再局限于某种形式，能更广泛地满足人们的需求。椒麻味可用于制作多种凉菜，特别是肉类。

➡ **所需食材**　花椒、盐、红油、小香葱、椒麻油、干红辣椒、酱油、蒜末、白芝麻、冷鸡汤（或纯净水）

➡ **做法**　1.花椒、干红辣椒用小火焙香，取出碾碎。
2.小香葱切碎，与蒜末、花椒、辣椒碎混合，加入红油、冷鸡汤、酱油调匀。
3.加入盐调味，再加入椒麻油、白芝麻即可。

酸辣小料——醇酸微辣，咸鲜味浓

酸辣味特别能激活味蕾，简直就是开胃利器。酸辣调料的制作方法很多，适合蹄筋、猪耳、鸡肉、鱼等肉类食品。

➡ **所需食材**　陈醋4茶匙，米醋2茶匙，盐半茶匙，酱油1茶匙，葱油、干红辣椒圈、蒜末各适量，柠檬半个

➡ **做法**

1.蒜末、盐、陈醋、米醋、酱油混合均匀。
2.葱油烧热后加入干红辣椒，炝入混合调料中，再挤入柠檬汁即可。

香辣小料——香辣浓郁，鲜咸醇厚

香辣小料在中国北方地区运用非常广泛。在凉菜中，其主要应用于以家禽、家畜、水产、豆制品及块茎类鲜蔬等为原料的菜肴中。"香辣"味主要来源于各种辣椒类调味品，如四川郫县的豆瓣酱等。由于不同菜肴的风味所需，在调味中还常酌情选用葱、姜、蒜、胡椒、料酒、白糖、香醋、植物油、熟猪油、香油、酱油及复制红酱油等辅味调料。

需要特别注意的是，此味既要重用红油，又不宜太辣，在配合当中，应是咸中略甜、辣里有鲜、鲜上加香。在调味中，红油辣椒及复制红酱油都可自行调制。

第二章

蔬果菌豆 清清爽爽

凉拌素菜，涵盖蔬果菌豆等，
清香脆嫩，爽口开胃。

鸡蛋干紫甘蓝

制作时间 10分钟　难易度 ★

主料

鸡蛋干	1袋
紫甘蓝	半个
油炸花生米	50克

调料

盐、鲜小米辣	各适量

做法

① 紫甘蓝切块，鸡蛋干切条。

② 紫甘蓝放入开水中焯烫，捞出沥干，加盐调味。

③ 鸡蛋干放入锅中，煸炒至两面金黄。

④ 将煎好的鸡蛋干、紫甘蓝、花生碎及小米辣同拌即可。

金蒜紫甘蓝

制作时间 8分钟 | 难易度 ★

主料

紫甘蓝	半个

调料

蒜米	10克
猪油（或菜籽油）	20克
干红辣椒	少许
盐	适量

做法

① 紫甘蓝顺纹理切成细丝，用清水泡开后拨散。

② 锅烧热后，加入猪油化开。

③ 蒜米放锅中炸至金黄，入干红辣椒炸香，关火。

④ 将炸好的金蒜辣椒油炝入紫甘蓝丝中，加盐调味即可。

贴心提示

· 在清洗紫甘蓝时，加盐揉搓并沥干水，口感会更加爽脆。

  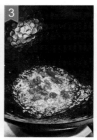 

虾油拌甘蓝

制作时间 10 分钟　　难易度 ★

主料

甘蓝	350克
青椒、红椒	各30克

调料

葱丝、姜丝	各5克
盐	2小匙
虾子酱油、高汤	各2大匙
姜末、香油、料酒、鸡精各1大匙	

贴心提示

· 虾子酱油可用酱油、新鲜虾子、白糖、高粱酒和生姜等自己配制。

做法

① 将虾子酱油、高汤、香油、细姜末、料酒、鸡精、盐调匀，制成虾子油。

② 甘蓝洗净，一分为二，切成粗丝。

③ 甘蓝丝用盐腌约5分钟，挤干水分。

④ 青椒、红椒均去蒂、籽，洗净，切成同样的丝。

⑤ 将姜丝、葱丝、青椒丝、红椒丝、甘蓝丝一同放容器中，加入虾子油拌匀，装盘即成。

辣炝圆白菜

主料

圆白菜	半个

调料

色拉油	1茶匙
蒜末、干红辣椒、盐	各适量

制作时间
10分钟

难易度
★

做法

① 用手将叶片轻轻撕开，去掉较厚的硬梗。

② 锅中加清水烧开，加1/4茶匙盐，放入手撕圆白菜，煮开至叶片稍显透明后捞出，放入冷水盆中。

③ 将冷水盆中的圆白菜水分挤干，放入蒜末。

④ 加入适量盐调味。

⑤ 炒菜锅内加色拉油，待油八成热时加入干红辣椒炸香，炝在圆白菜上，调拌均匀即可。

糖醋辣白菜

主料

大白菜	500克

调料

盐	2茶匙
香油、色拉油	各1/2大匙
白糖、醋	各3大匙
花椒粒	7克
红辣椒	1个
嫩姜	1小块

制作时间 40分钟

难易度 ★★

做法

① 白菜取菜帮洗净，切细丝，菜叶切宽条。

② 菜帮、菜叶一同放盆中，撒上盐拌匀，腌30分钟。

③ 红辣椒去籽，切丝。嫩姜切细丝。白菜腌至变软时取出，用流水冲一下，挤干水分，放入盛器中。

④ 锅中放入香油和色拉油烧热，放入花椒粒小火爆香，捞出弃去花椒粒。

⑤ 锅中加入红辣椒丝和姜丝，翻炒均匀。

⑥ 加入白糖和醋，烧沸后立即关火，做成料汁。

⑦ 在白菜中倒入调好的料汁，放凉后食用即可。

芥末酸菜丝

制作时间
15分钟

难易度
★

主料

酸白菜	300克

调料

芥末粉、香油、盐、白糖、味精、干红辣椒各适量

贴心提示

· 酸白菜最好在冬季腌制，其他季节虽然也可制作，但不如冬季的质量好。

做法

① 酸白菜洗净，挤去水分，切成丝。

② 干红辣椒切丝，备用。

③ 芥末粉中加入开水调匀成芥末糊。

④ 将芥末糊、盐、白糖、味精与酸白菜丝一起拌匀。

⑤ 锅内放油烧至五成热，下入辣椒丝炸香成辣椒油。

⑥ 将辣椒油淋在酸白菜丝上，食用时拌匀即可。

虾皮油菜苗

制作时间 8 分钟　　难易度 ★

主料

小虾皮	40克
油菜苗	250克

调料

葱油	10克

做法

① 新鲜油菜苗用清水捞过即可，勿使劲搓洗以免造成损伤。

② 小虾皮备好。

③ 锅里放葱油，将一半小虾皮放入锅中炒至焦香。

④ 将炒好的虾皮及熟葱油直接放入油菜苗里，调拌均匀。

⑤ 加入剩余的虾皮拌匀即可。

贴心提示

· 油菜苗这类新鲜小菜只有常逛早市场的买主才能买得到。鲜嫩翠绿的叶子上带着晶莹的小露珠儿，买回来无需做太多加工就是一道清爽无公害的上好菜肴。

葱姜炝菜心

制作时间
10分钟

难易度
★

主料

嫩油菜心	400克

调料

花生油、盐、味精、葱丝、
姜末、花椒各适量

做法

① 油菜心洗净，切成3厘米长的段。

② 油菜段放入开水锅中烫熟，捞出沥干水分。

③ 油菜先放入碗中，拌入盐、味精后装盘，撒上葱丝、姜末。

④ 锅内入花生油烧热，下入花椒炸出香味，捞出花椒丢掉。

⑤ 将花椒油倒在油菜心上，拌匀即成。

贴心提示

· 制作花椒油时要注意控制好火候，不可将花椒炸煳。

水晶茼蒿菜

制作时间
10 分钟

难易度
★

主料

茼蒿菜	250克
干粉丝	1把
枸杞	10克

调料

自制葱油	1茶匙
盐、芥末油	各适量

做法

① 锅中注入清水烧开，加入适量盐。

② 将茼蒿放入锅中焯水，捞出后迅速置于冷水中。

③ 茼蒿切成段，装入大碗中，备用。

④ 干粉丝用温水泡开，再放入锅中煮至透明，捞出冲水。

⑤ 茼蒿菜内放入自制葱油、盐调拌均匀。

⑥ 茼蒿中再加入粉丝、芥末油及枸杞，调拌均匀即可。

贴心提示

· 和很多蔬菜不同，茼蒿是秋天才有的蔬菜，至今也无法
做到一年四季都有。茼蒿味道特别，备受人们喜爱。

坚果菠菜

制作时间
10 分钟

难易度
★

主料

菠菜	250克
核桃仁、杏仁、腰果、松子	
等坚果各适量（可根据个人	
口味选择）	

调料

盐	少许
葱油	适量

做法

① 锅中加入清水，置火上烧开，先将菠菜根烫一下，再将整棵菠菜全部放入沸水中焯烫。

② 整根菠菜焯烫2分钟后捞出，即刻放入冷水盆中。

③ 将菠菜根部切去。其红色根部可以切得碎一些，以保持较好的口感。

④ 将菠菜的茎和叶部分依次切成大小合适的段。

⑤ 菠菜段放入盛器中，根据自己的口味调入少许盐和葱油。

⑥ 放入自己喜欢的坚果，拌匀即可。

五彩菠菜

主料

菠菜	350克
鸡蛋	1个
小香肠	1根
冬笋、水发木耳	各50克

调料

香油、盐、味精、姜末 各适量

制作时间
20分钟

难易度
★★

做法

① 将菠菜择洗净，放入沸水锅内烫一下。

② 捞出菠菜过凉，挤去多余水分，切成黄豆大小的粒，备用。

③ 冬笋、木耳洗净，放入沸水锅内焯熟。

④ 鸡蛋磕入碗内，加少许盐搅匀，放入蒸锅中小火蒸成蛋羹。蒸好的蛋羹切丁，香肠、冬笋、木耳均切成黄豆大小的丁。

⑤ 将以上所有食材一同放大碗中，加入盐、味精、姜末、香油拌匀，盛入盘内即可。

凉拌空心菜

制作时间
10分钟

难易度
★

主料

空心菜	300克

调料

大蒜	15克
香油	10克
白砂糖	5克
盐	3克
味精	1克

做法

① 空心菜洗净，切成段。蒜洗净，切成末。

② 锅中加水烧开，放入空心菜焯水，捞出沥干，装盘。

③ 碗中放入蒜末、白糖、盐、味精，加少许水调匀，浇入热香油，制成味汁。

④ 将味汁淋入放空心菜的盘中，拌匀即可。

蓑衣黄瓜

制作时间 25分钟

难易度 ★★

主料

黄瓜	2根
葱姜蒜末、干红辣椒	各适量

调料

醋	4大勺
酱油	1勺
糖	2大勺
盐	1勺
花椒	6粒
色拉油	2勺
干红辣椒	2个

做法

① 黄瓜与刀呈30度角连续斜切片，注意不要切断，斜切至黄瓜的2/3处即可。

② 待一侧切好后，将另一侧按相同办法连刀切好，即成蓑衣刀。

③ 在切好的黄瓜上均匀地撒上盐进行腌制。

④ 待黄瓜中的水分全部析出，用手将其挤干。

⑤ 在盛器中加入葱姜蒜粒、糖、醋、酱油，充分调匀。

⑥ 锅热后倒入色拉油，放入花椒和黄瓜，迅速翻炒至变色，放入干红辣椒，烹入调制好的汁料即可铲出，晾凉即可。

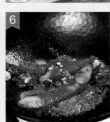

TIPS：

　　蓑衣黄瓜是一道老菜了，酸、甜、辣、咸、脆全部收纳其中。在炎热夏季胃口不佳时切上几根大黄瓜，用醋汁一烹，那感觉简直是太美妙了。

贴心提示

· 黄瓜中的分解酶会破坏其他蔬果中含有的维生素C，因此黄瓜不宜与富含维生素C的食物配膳。

盐渍瓜皮

制作时间
15分钟

难易度
★

主料

黄瓜	2根

调料

盐、蚝油	各10克
白糖、醋	各20克
干红辣椒	2个

贴心提示

· 切出的去皮黄瓜可以直接榨
  成黄瓜汁饮用，是最好的补
  水饮品。

做法

① 黄瓜洗净，均匀切成四段。干红辣椒切小段。

② 将黄瓜皮顺时针慢慢滚动削下。

③ 切好的黄瓜皮卷用盐、白糖腌10分钟左右。

④ 将黄瓜皮用手挤干水分，调入蚝油、干红辣椒段即可。

熏油皮黄瓜丝

制作时间
10 分钟

难易度
★

主料

熏油皮	250克
黄瓜	1根

调料

盐、陈醋、自制葱油（或辣椒油）、熟豌豆、蒜末各适量

贴心提示

· 熏油皮就是大家常吃的油豆皮经过微熏制成的。油豆皮皮薄透明，是高蛋白、低脂肪且不含胆固醇的营养食品。

做法

① 熏油皮切成宽条，抖开。

② 黄瓜洗净，切成细丝。

③ 油皮与黄瓜丝混合，加入适量盐调味。

④ 加入蒜末、陈醋调味。

⑤ 加入自制葱油、熟豌豆，调拌均匀即可。

菠萝蜜苦瓜

主料

去皮菠萝	1个
苦瓜	1根

调料

蜜柚茶	40克

做法

① 去皮菠萝切成小粒。将苦瓜两端切除，再从中间切开，用筷子把中间的瓜瓤取出。

② 将去瓤的苦瓜横切成苦瓜圈。

③ 将苦瓜圈入沸水锅中焯约3分钟。

④ 将苦瓜圈、菠萝粒与蜜柚茶调拌均匀即可。

豉蓉凉瓜

制作时间
10分钟

难易度
★

主料

凉瓜（苦瓜）	300克
豆豉	50克

调料

盐、味精、香油、白糖、花
生油各适量

做法

① 豆豉剁细，备用。

② 锅内放花生油烧热，放入豆豉，小火炒至酥香，取出待用。

③ 凉瓜洗净后对剖开，去掉瓜瓤。

④ 将凉瓜横切成片，入沸水中焯烫约1分钟至断生。

⑤ 捞出凉瓜，放入碗中，加入香油拌匀，晾凉。

⑥ 加入豆豉、盐、味精、白糖拌匀，装盘即成。

贴心提示

· 苦瓜因其苦味而得名，但单纯的清苦味难免有些单调，豆
豉的加入让本菜的口味更有层次。

木耳苦瓜结

制作时间 15分钟　难易度 ★

主料

木耳	50克
苦瓜	1根

调料

葱油、青芥膏、生抽　各适量

贴心提示

· 苦瓜是夏季餐桌必不可少的好蔬菜，木耳也是具有多种营养功效的好食材，两者搭配，相得益彰。

做法

① 将黑木耳用热水焯过晾凉。苦瓜洗净，切去两端。

② 苦瓜从中间剖开后去瓤。

③ 用刮皮器将苦瓜侧面刮成薄片，备用。

④ 将薄薄的苦瓜片系成小小的苦瓜结，待用。

⑤ 将青芥膏和生抽调匀，浇在盛有木耳和苦瓜结的容器中即可。

杏仁红樱桃

制作时间 20分钟　难易度 ★

主料

鲜杏仁	50克
樱桃萝卜	10个

调料

柠檬	半个
糙米醋	1茶匙
白糖	2茶匙

贴心提示

· 红红的樱桃小萝卜搭配雪白的杏仁，只观其色就让人食欲大增了。

做法

① 杏仁放入开水中焯烫5分钟，捞出晾凉，备用。

② 用刀背将樱桃萝卜轻轻拍破以便更好入味。

③ 樱桃萝卜内挤入柠檬汁、糙米醋腌制入味。

④ 腌好后的萝卜出一次水后加入白砂糖调拌均匀。

⑤ 加入杏仁调拌均匀即可。

开胃萝卜

制作时间
10 分钟

难易度
★

主料

心里美萝卜	300克
青椒、花生米	各50克

调料

盐	3克
醋	10克
香油	15克
色拉油	适量

做法

① 心里美萝卜洗净，去皮，切大片。

② 青椒洗净，切圈。青椒圈与萝卜片一同入开水中焯一下，捞出沥干，装入碗中。

③ 花生米入油锅中炸熟，待用。

④ 将香油、醋、盐、油炸花生米加入碗中，与萝卜片、青椒圈拌匀即可。

贴心提示

· 萝卜皮中含有能分解淀粉的淀粉酶，在食用烤鱼、烤肉和火锅时，不妨吃一些，可帮助消化。

青椒胡萝卜丝

制作时间 10分钟　难易度 ★

主料

胡萝卜	1根
青椒	1个

调料

蒜末、盐、干红辣椒段　各适量

贴心提示

· 选择胡萝卜时一般不要选择外观特别光滑、颜色橘黄且看起来很漂亮的那种。带些泥巴且长得尖尖的才是正常的胡萝卜。

做法

① 胡萝卜切成细丝，泡在冰水里，使其口感爽脆。

② 青椒切丝，与胡萝卜丝、蒜末一同入盘中混合拌匀。锅入油烧热，入干红辣椒段炝香。

③ 加盐调味，炝入干红辣椒油，调拌均匀即可。

蒜蓉芥蓝

制作时间 20分钟　难易度 ★

主料

芥蓝	500克

调料

蒜蓉	适量
花椒	10粒
蒸鱼豉油	2茶匙
盐	少许
色拉油	4茶匙
食用碱面	少许

TIPS:

　　苏轼的《雨后行菜圃》诗中写道："芥蓝如菌蕈，脆美牙颊响。"这句诗形容芥蓝有香蕈的鲜美味道。芥蓝以肥嫩的花薹和嫩叶供食用，其肉质脆嫩、清香，风味别致，营养丰富。

做法

① 芥蓝的茎、叶分开处理。清水里稍加一点食用碱面，放入芥蓝叶子浸泡5分钟，用清水冲洗。芥蓝茎部去皮，切滚刀块。

② 锅中入清水烧开，加入少量盐，放入芥蓝茎焯水5分钟左右捞出，再入芥蓝叶焯3分钟即可。

③ 焯好水的芥蓝茎、叶分别泡入冷水中，以保持爽脆口感。

④ 将芥蓝茎叶入容器中，加入蒸鱼豉油和少许盐拌匀。

⑤ 花椒油烧热后炝入芥蓝中，撒上蒜末即可。

贴心提示

· 食用碱面是厨房里的宝物，清洗蔬菜瓜果上的残留农药相当有效。它还是去油污的好帮手。

· 茎、叶分开焯水，叶子焯水时间要短些。

· 蒸鱼豉油在制作凉菜时应用比较广泛，咸鲜兼有的口感会给菜品增色不少。

酸汤葫芦丝

制作时间 20分钟　　难易度 ★

主料

鲜西葫	1个（250克左右）

调料

小米辣	2克
姜、蒜	各5克
陈醋	2茶匙
糙米醋	2茶匙
美极鲜酱油	1茶匙
生抽	2茶匙
柠檬	半个

做法

① 蒜、姜切成碎末，小米辣切成小圈，待用。将西葫表面清洗干净，不用去皮，切成薄片。

② 将西葫片改刀成细丝。

③ 将西葫丝放入冰水内浸泡10分钟，使其有一些硬度，这样吃起来口感更好。

④ 将美极鲜酱油、生抽、糙米醋依次加入调料碗中，再加入姜蒜末、小米辣圈浸泡。

⑤ 将鲜柠檬汁挤入调料碗中调拌均匀。

⑥ 将泡好的西葫丝捞出，装入盘中，浇上调好的味汁即可。

贴心提示

· 做的时候添加一些新鲜柠檬汁，可去除西葫的青涩味道。

· 挑选西葫时一定要注意外观是否完整不破损。因本菜要生吃，品相一定要好，根蒂上有新鲜小刺才够鲜。

酸辣土豆丝

主料

土豆	300克
青椒、红椒	各50克

调料

葱花、盐、味精、醋、辣椒油、香油各适量

制作时间
15分钟

难易度
★★

做法

① 土豆去皮，洗净，切成细丝。

② 土豆丝用清水淘洗几遍。

③ 青椒、红椒均去蒂、籽，洗净，切成细丝。

④ 锅中加清水烧沸，分别放入土豆丝、青红椒丝焯至断生。

⑤ 将土豆丝、青红椒丝放容器中一起拌匀。

⑥ 将盐、味精、醋、辣椒油、香油、葱花调成味汁，浇在拌好的原料丝上即成。

香麻彩椒藕片

主料

藕片	200克
青椒	50克
枸杞	20克

调料

花椒、盐	各适量

贴心提示

· 烹饪藕时忌用铁器，以免导致食物发黑。

做法

① 青椒洗净，切成菱形块。

② 枸杞用温水泡开。

③ 藕片用开水焯5分钟至透明。

④ 将藕片与青椒混合，加入盐拌匀。

⑤ 炒锅烧热入油，加花椒炸香，炝入藕片中，再加枸杞拌匀即可。

桂花糯米藕

制作时间
90分钟

难易度
★★

主料

莲藕	2节
糯米	300克

调料

冰糖	500克
桂花蜜	300克
红曲米粉	4克
干桂花	适量

做法

① 鲜藕去皮，将一端切下，留用。

② 将泡好的糯米塞入鲜藕中，用筷子压严实。

③ 把刚切下的部分藕用牙签扎好，以防糯米膨胀后溢出。

④ 将藕、冰糖、桂花蜜和红曲米粉放入高压锅内，加入纯净水，水要没过糯米藕。

⑤ 用高压锅压制40分钟，再在锅内闷半小时使其更入味。

⑥ 将糯米藕切片，放入盘中。锅内汤汁倒出一部分收至浓稠，浇糯米藕上，再撒干桂花即可。

TIPS：

香甜的桂花是很多人喜欢的，它制作出的各类美食都很吸引人。当然，这经典的桂花糯米藕是绝对不容错过的。

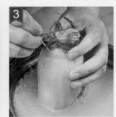

贴心提示

· 糯米要提前12小时用冷水浸泡，这样煮出的糯米藕才会香甜软糯。

桂花南瓜糖藕

制作时间
25分钟

难易度
★

主料

桂花蜜	4茶匙
南瓜	半个
鲜藕	200克
干桂花	少许
青豆	少许
熟芝麻	1茶匙

TIPS：

　　桂花树叶透出的光亮显得强壮有力，而淡黄的小小花朵散发出的清香又是那么的沁人心脾，细细闻去还有丝丝甘甜混于其中，令人有莫名的满足感。

做法

① 青豆放入沸水中煮熟，捞出。

② 藕切小方块，用清水浸泡冲洗。

③ 南瓜去皮后切成与藕块大小一致的方块，焯水晾凉。

④ 藕块泡入冷水中。

⑤ 将所有食材控干水分，一同放入碗中，待用。

⑥ 在桂花蜜内加入芝麻及干桂花拌匀，淋在南瓜莲藕上即可。

贴心提示

· 鲜藕应分段食用：顶端香甜脆嫩，可焯后凉拌鲜食；第二、三节稍老，是煨制"焙热藕"的上好原料，还可用其做炸藕夹；第四节之后的各节只适于做菜肴或制作藕粉。

· 脆藕氽烫的时间不宜太久，否则就会失去爽脆的口感。

芝麻酱香鲜芦笋

制作时间
10分钟

难易度
★

主料

去皮鲜芦笋	250克

调料

盐	1小勺
小干洋葱	1个
蒜末、熟芝麻、芝麻酱	各适量

贴心提示

· 芦笋最宜鲜吃，但不宜生吃，也不宜久存，而且应低温避光保存。

· 芦笋中的叶酸很容易被破坏，若用其补充叶酸应避免高温烹煮。最好用微波炉小功率加热至熟。

做法

锅中加入清水，烧开后加入盐，使盐充分化开。

将芦笋放入水中焯水3~4分钟，捞出，置于冷水中。

将芦笋在冷水中静置片刻，使其变爽脆。

将芦笋捞出，摆入盘中。

小干洋葱切成细丝。

蒜末、洋葱丝、盐、芝麻酱调拌均匀，撒上熟芝麻，与盘中的芦笋拌匀即可。

百合芦笋拌金瓜

制作时间
25分钟

难易度
★

主料

金瓜（南瓜）	半个
芦笋	5根
鲜百合	1袋

调料

蒜碎	10克
盐、自制葱油	各适量

做法

① 金瓜去皮、去瓜瓤，切成1厘米左右厚的片。

② 将金瓜片放入沸水锅中煮8~10分钟至微熟，使吃起来稍有硬度即可。

③ 煮好的金瓜取出，放入冷水中浸泡约5分钟。

④ 鲜芦笋去根部老皮，切寸段。开水锅中加少许盐，放芦笋焯水。

⑤ 鲜百合放入开水中烫2分钟，待颜色雪白即可盛出，放入冷水中。

⑥ 所有食材混合，加入蒜碎、盐及自制葱油调味即可。

TIPS：

　　餐桌上有一两样色彩艳丽的菜品搭配时，就犹如家里有个小宝贝一样甜美快乐。做一些清新的菜品，吃起来会觉得很幸福。

贴心提示

· 芦笋不可过量食用，因为芦笋在体内易产生挥发性气体，过量食用会产生胀气。

橙香百合鲜芦笋

主料

鲜芦笋	250克
鲜橙	1个
鲜百合	1个

调料

蜂蜜	1小勺
白糖、盐、色拉油	各1茶匙

制作时间
15分钟

难易度
★

做法

① 将鲜芦笋的老皮用刮刀刮掉，切成寸段。

② 锅内加清水烧开，加适量盐及色拉油，放入芦笋焯烫至变色，捞出。将鲜百合用开水焯一下。

③ 焯烫后的芦笋马上放入冰水中，以保证其脆度。

④ 半个鲜橙用料理机打成橙浆；另外半个剥出果肉，与百合、芦笋同拌。

⑤ 橙浆内加入蜂蜜及白糖调匀，食用时可蘸食。

椒香笋丝

主料

莴笋	1根

调料

花椒	5粒
盐	适量
红椒	1个

制作时间
10分钟

难易度
★

做法

① 莴笋去皮切丝，泡入冷水中，待用。红椒洗净，切圈。

② 笋丝控水，加入少量盐拌匀。

③ 加入红椒圈。

④ 锅入油烧热，下入花椒炸香，制成花椒油。将花椒油炝入笋丝内，调拌均匀即可。

凉拌竹笋尖

主料

竹笋	350克
红椒	20克

调料

盐、味精	各3克
醋	10克

做法

① 竹笋去皮，洗净，切片。

② 笋片入开水锅中焯水，捞出沥干水分，装盘。

③ 红椒洗净，切细丝。

④ 将红椒丝、醋、盐、味精加入笋片中，拌匀即可。

什锦小菜

主料

彩椒	150克
虾皮、洋葱、木耳	各20克

调料

酱油、味精、米醋、白糖、香油	各适量

做法

① 将虾皮用清水浸泡20分钟，洗净控水。

② 洋葱、彩椒、木耳均切成虾皮大小的丁，备用。

③ 将酱油、味精、米醋、白糖、香油在盛器内搅匀。

④ 倒入虾皮、洋葱、彩椒、木耳，拌匀装盘即成。

爽口花生仁

主料

花生仁	200克
红椒	50克

调料

盐、味精、香油	各适量

做法

① 花生仁洗净，放入沸水锅中煮软，捞出后放入凉水中浸凉。

② 捞出花生，去表皮。

③ 红椒去蒂、籽，洗净，切成1厘米见方的小块，放入沸水中焯至断生，捞出待用。

④ 将花生仁和红椒放入碗内，加入盐、味精、香油拌匀，装盘即可。

菠菜老醋花生

主料

花生米	200克
菠菜	50克

调料

香油	8克
老醋	50克
盐、味精	各适量

做法

① 菠菜洗净，用热水焯烫，捞出待用。

② 花生米洗净，晾干水分。

③ 将花生米放在炒锅里炒熟，捞出后装入碗中。

④ 加入菠菜、醋、香油、盐、味精，拌匀装盘即可。

卤水花生

制作时间 60 分钟 ・ 难易度 ★★

主料

生花生米	300克

调料

白皮大蒜	40克
香油、大葱、冰糖	各10克
酱油	20克
八角	2克
香叶	少许

做法

① 花生米洗净，用清水浸泡约3小时，捞出。

② 葱洗净，切段。大蒜去皮，拍碎。

③ 锅中倒入约250克清水，放入花生米，一同放入电锅中蒸熟，关掉电源再闷20分钟，取出。

④ 锅中倒入准备好的卤料（20克酱油、2克八角、10克冰糖和少许香叶）和花生米，用大火煮开，再改用小火煮30分钟左右，盛出，淋上香油即可。

贴心提示

· 也可以用生抽、老抽、黄酒各1大匙，加入适量八角、桂皮、香叶、冰糖和水混合，调制成卤水。这样煮好的花生，味道同样鲜美。

百合西蓝花

制作时间
15分钟

难易度
★

主料

西蓝花	1个
鲜百合	3个
鲜枸杞	10个

调料

葱油	1茶匙
盐	1茶匙

做法

① 西蓝花按其茎脉方向切开或用手掰开。西蓝花的梗留用。

② 将西蓝花梗表皮去掉，切滚刀块。

③ 开水锅中加盐，放西蓝花焯煮5分钟，捞出放冷水中。将百合焯水2分钟。

④ 西蓝花控干装盘，加入葱油和盐，搅匀后加鲜百合、枸杞即可。

贴心提示

· 西蓝花被誉为"抗癌明星"，是餐桌上不可多得的好时蔬，其矿物质含量比其他蔬菜更全面。

香麻海带丝

制作时间 20 分钟 | 难易度 ★

主料

海带丝	200克
胡萝卜丝	50克

调料

葱丝、熟芝麻、辣椒油、陈醋、盐各适量

做法

① 海带丝放入冷水锅中，加10克陈醋，煮约15分钟。

② 将煮熟的海带丝切段，放入容器内。

③ 将葱丝、胡萝卜丝、白芝麻、陈醋、盐、辣椒油混合均匀，倒在海带丝上拌匀即可。

贴心提示

· 要视海带品质确定煮制时间，略厚的海带要久煮一会儿，煮至用手轻触即断就可以了。

扫码看视频

剁椒手撕蒜薹

主料

蒜薹	250克
花生	150克
剁椒	20克

调料

大料、桂皮、小茴香、盐、自制葱油各适量

制作时间 20分钟　　难易度 ★★

做法

① 花生中加入大料、桂皮、小茴香、盐煮熟，浸泡入味。

② 将蒜薹放入沸水中焯烫。

③ 用刀将煮好的蒜薹根端轻轻切开一小部分。

④ 用手顺着蒜薹破裂的方向轻轻撕开，尽量不使其断开。

⑤ 将撕好后的蒜薹放在盛器中，码放整齐。

⑥ 将剁椒、葱油、煮花生与蒜薹一起调拌均匀即可。

鲜桃仁蔬果沙拉

制作时间 10 分钟　难易度 ★

主料

苦菊心、核桃仁、蔓越莓、苹果、提子、杏干、腰果各适量，柠檬半个

调料

奶香沙拉酱　　　　　　适量

TIPS：

　　蔬菜与水果的充分结合，再加上香甜可口的沙拉酱，使这道菜吃起来有无限的幸福感。

做法

将提子去籽，切成厚片。

蔓越莓切成小块。

苹果去皮，切成厚片。

苹果块用柠檬水浸泡，以免氧化变色。

奶香沙拉酱调拌均匀。

将苹果、苦菊心、蔓越莓一同放入沙拉碗内，其他坚果掰成适当大小的粒，拌入沙拉酱内即可。

贴心提示

· 水果与蔬菜搭配时，要选择味道不是很重并可以生食的蔬菜，这样就不会抢水果的甜美感觉。

腰果菜心

制作时间
25 分钟

难易度
★★

主料

菜心	250克
腰果	100克

调料

葱白丝	10克
红椒丝	少许
蒸鱼豉油	3茶匙
盐、小苏打	各少许
色拉油	适量

做法

① 菜心洗净，切成寸段。

② 锅内放入冷水、盐和小苏打，烧开后放入菜心焯水。

③ 将焯水后的菜心迅速放入冷水中，以免变色。

④ 葱白切细丝，放入冰水中。（可去掉部分辛辣气味，使造型更美观）

⑤ 冷油入锅，小火慢炸使腰果变得酥脆金黄，捞出后晾凉。

⑥ 晾凉的腰果与菜心、红椒丝、葱丝混合，加入蒸鱼豉油、盐，将色拉油烧热炝至菜心上即可。

贴心提示

· 焯水时放入小苏打，既可以去除叶片内残留的农药，又会使蔬菜颜色变得更加碧绿。

· 炸制腰果时，要小火慢炸。

· 用冰水浸泡是餐厅里制作冷菜时的秘籍。蔬菜经过冰水浸泡后口感会变得非常脆。

青柠奶酪沙拉

制作时间
10分钟

难易度
★

主料

嫩苦菊	1棵
小番茄	5个
紫叶生菜	1棵

调料

鲜橙汁	50克
鲜榨黄柠檬汁	25克
白糖	2茶匙
橄榄油	1茶匙
黑胡椒碎	2克
青柠檬	3片
蒜香奶酪、薄荷嫩叶	各适量
蜂蜜	20克

做法

苦菊洗净，取嫩心。

紫叶生菜、苦菊、小番茄、薄荷叶混装于盘中。

青柠檬切成薄片。

将橙汁、柠檬汁、白糖、黑胡椒碎、蜂蜜混合调匀成汁料。

加入橄榄油。

汁料与蔬菜混合，加入蒜香奶酪即可。

TIPS：

　　青柠和薄荷有不同的清香味道，搭配在一起却非常契合，有了它俩的共同存在，菜肴总会显得那么清新可人，令人胃口大开。家里常年种着几株薄荷，只要想着给它浇水它就绝不会辜负你，随吃随采，甚是可爱！

彩椒拌鲜蘑

制作时间 20 分钟　难易度 ★

主料

主料	
凤尾蘑	150克
杏鲍菇	150克
腰果	50克

调料

调料	
黄油	20克
蒜碎	10克
红、黄彩椒	各10克
盐	适量

TIPS：

　　久做饭的人都知道，蘑菇是比较不好做的，和谁在一起搭配都可能因其在锅中吸汤，在盘中出汤，而使整个菜品的卖相分数大减！但这道凉菜的卖相不错哦。

做法

① 凤尾蘑手撕成片。平底锅内放入黄油，烧化后放入蘑菇，煎至两面金黄，去掉其水分。

② 杏鲍菇切成滚刀块，放入锅中煎至蘑菇变软且两面呈金黄色。

③ 将煎好的两种蘑菇同时放入平底锅中，加蒜碎，煎至出蒜香味。

④ 加入盐稍加调味。

⑤ 红、黄彩椒掰成大小合适的块。

⑥ 煎好的蘑菇内再加入少许盐调味，摆上红、黄彩椒和腰果即可。

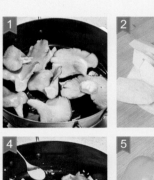

贴心提示

· 杏鲍菇以菇柄粗大、菇肉色白而著称，并因具有杏仁味，故名"杏鲍菇"。

· 挑选杏鲍菇时，首先应注意伞缘部位不要出现卷曲、龟裂或干涩等水分流失现象；其次可用手轻压一下菇体，有弹性的比较好；最后应注意观察伞柄膨大部分是否洁白，若呈褐色则表示不新鲜。

巧拌三丝

主料

金针菇	200克
莴笋	50克
青辣椒、红辣椒	各2个

调料

盐、香油	各适量

制作时间 15分钟　难易度 ★

做法

① 莴笋、青辣椒、红辣椒洗净，均切丝。

② 金针菇洗净，入沸水锅焯水，捞出待用。

③ 莴笋丝、青辣椒丝、红辣椒丝放在沸水中焯一下，捞出待用。

④ 将金针菇装盘，淋上搅匀的盐和香油。

⑤ 将莴笋丝、青辣椒丝、红辣椒丝撒在金针菇旁边即可。

麻酱拌豇豆

主料

豇豆	250克

调料

麻酱	2茶匙
花生酱	1茶匙
盐、蒜末	各适量

制作时间 10分钟　难易度 ★

做法

① 锅中入水烧开，放入少许盐化开，再放入豇豆焯水。

② 待豇豆变成脆绿色时捞出，放入冷水中浸泡，以免豇豆变色。

③ 将豇豆改刀，整齐码放盘中。

④ 麻酱与花生酱以1：1的比例混合，慢慢调入清水，至酱料颜色变浅并变得稀薄。

⑤ 调好的酱料里加入少许盐混合，浇在豇豆上，撒上适量蒜末即可。

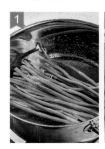

菜蔬拌木耳

制作时间 10分钟　难易度 ★

主料

木耳	50克
洋葱	1个

调料

香菜	1根
蒜	4颗
蚝油	10克
酱油	2茶匙
糙米白醋	1茶匙

做法

① 木耳洗净泡发，待用。香菜择净，切成段。

② 蒜洗净，切成片，待用。

③ 将蒜片、蚝油、酱油、糙米白醋、盐调拌均匀。

④ 调拌好的汁料与木耳、洋葱同拌即可。

金蒜荷兰豆

主料

荷兰豆	250克

调料

蒜碎	20克
红椒	1个
色拉油	2茶匙
盐	1/3茶匙

制作时间
10 分钟

难易度
★

做法

① 荷兰豆去豆荚两端，择洗干净，放入开水中焯烫至变色。

② 将荷兰豆捞出，入冷水过凉，控干。红椒洗净，切圈。

③ 蒜碎入油锅炸至金黄，捞出晾凉，与红椒圈一起放入荷兰豆中。

④ 加入盐调拌均匀即可。

虫草花荷兰豆

制作时间 15分钟　难易度 ★★

主料

荷兰豆	250克
虫草花	150克

调料

盐	3/4茶匙
葱油	15克

TIPS：

　　虫草花是北冬虫草的简称，也叫蛹虫草，其富含大量人体所需的微量元素，是上等的滋补佳品。

做法

① 虫草花用温水泡发，去根后洗净。荷兰豆择去两端硬梗，洗净后切细丝。

② 锅中加水烧开，放入切好的荷兰豆，焯水2~3分钟。

③ 将荷兰豆丝泡入冰水或冷水中浸泡，以防变色，同时保证荷兰豆的脆度。

④ 择好的虫草花放入开水中煮制3分钟，捞出。

⑤ 将荷兰豆、虫草花置于盘中，浇入自制葱油。

⑥ 加入盐拌匀即可。

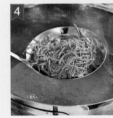

贴心提示

· 荷兰豆就是荚用豌豆，炒食后颜色翠绿，清脆利口。豌豆、豌豆苗、荷兰豆的营养价值大致相同。

· 荷兰豆必须完全煮熟后才可食用，否则可能发生中毒。

· 荷兰豆主食部位为嫩荚和籽粒。叶片较大，叶肉肥厚，质地嫩滑，纤维较少，口感质嫩而清香。可以凉拌、清炒；也可以加腊肉或香肠急火爆炒，色泽翠绿，诱人食欲。

凉拌豆腐

制作时间
10分钟

难易度
★

主料

盒装内酯豆腐	1盒
炸花生米	1大匙

调料

生抽	2大匙
香菜、葱、蒜	各适量
白糖、辣椒油、香油、醋各1小匙	

做法

① 香菜择洗净，切末。葱剥去干皮，切末。蒜剥皮，切末，备用。

② 盒装豆腐撕开包装盒，倒入深盘中。

③ 将炸花生米去皮，压碎。

④ 将花生碎、香菜末、葱末、蒜末一同放碗中，加入生抽、白糖、辣椒油、香油拌匀，调成味汁。

⑤ 将拌好的味汁浇在豆腐上即可。

油盐豆腐

制作时间
25分钟

难易度
★

主料

嫩豆腐	500克

调料

植物油、白糖	各1/2小匙
盐、鸡精	各1小匙
熟芝麻末	2小匙
花椒粒	适量

做法

① 嫩豆腐切块，放开水中余烫，捞出沥水，放盘中。

② 豆腐撒上盐腌20分钟，滤去渗出的水。

③ 豆腐中加入白糖、鸡精和熟芝麻末拌匀。

④ 炒锅置火上烧热，加入植物油烧热，放入花椒炸香，待花椒变黑色后将花椒铲去。

⑤ 趁热将花椒油浇在豆腐上，拌匀即可。

油卤豆腐

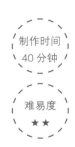

制作时间
40 分钟

难易度
★★

主料

豆腐	500克

调料

鲜汤	400克
葱段	5克
盐	7克
香油	10克
味精、姜块	各少许
植物油	700克
香料包 1个（内装桂皮、花椒、八角、小茴香各少许）	

做法

① 豆腐放入冷水锅中，加少许盐，中火烧至微沸即捞出。

② 将豆腐沥去水分，切成厚片。

③ 炒锅置旺火上，倒入植物油烧至六七成热，放入豆腐片，炸至金黄色时捞起沥油。

④ 锅底留约100克热油，投入拍松散的姜块、葱段炸出香味。

⑤ 加入鲜汤，放入香料包、豆腐片，加入盐。

⑥ 改慢火卤30分钟，加入味精。

⑦ 食用时取出豆腐，改刀后装盘，淋香油、卤汁即可。

香辣豆腐丝

主料

豆腐丝   300克

调料

红辣椒、香菜叶、辣椒油、盐、味精、香油各适量

制作时间   难易度
15分钟   ★

做法

① 豆腐丝改刀成段，用温水浸泡。

② 将浸泡好的豆腐丝入沸水锅余一下，捞入凉开水内过凉。

③ 豆腐丝捞出沥水，放入盛器中，待用。

④ 红辣椒去蒂、籽，洗净，切成丝。香菜叶洗净，切成段。

⑤ 将豆腐丝、红辣椒丝、香菜段一起放入大碗内，加入辣椒油、盐、味精、香油调味，拌匀装盘即成。

彩虹豆腐

制作时间
10分钟

难易度
★

主料

卤水豆腐	300克
乳黄瓜	半根
红、黄甜椒	各半个
紫甘蓝	1/5个
芒果	半个

调料

盐	3克
香油	适量

做法

① 卤水豆腐用手轻轻抓散（不宜捏得过于细腻，否则吃起来没有口感），撒上盐，滴入香油。

② 将红黄彩椒、紫甘蓝、乳黄瓜、芒果均切成大小均匀的颗粒。（还可搭配颜色艳丽的其他水果粒）

③ 所有食材码入盘中，在盘子上按颜色一层层摆放成半圆形彩虹状即可。

老胡同豆腐丝

主料

五香豆腐皮	250克

调料

葱白、黄瓜	各适量
醋	2茶匙
酱油	1/2茶匙
盐	适量

制作时间
10 分钟

难易度
★

做法

① 豆腐皮切成细丝。

② 葱白切成同样宽窄的细丝，与豆腐丝一同放入碗中。

③ 黄瓜切丝，也放入碗内，加入醋、酱油。

④ 根据自己的口味加盐拌匀即可。

香椿芽拌豆腐

制作时间 25分钟

难易度 ★★

主料

香椿	250克
卤水豆腐	100克

调料

花椒	5克
盐	2克
香油	3克

工具

圆柱形模具

做法

① 将香椿用70℃热水稍烫后取出，切成碎末。

② 卤水豆腐用开水汆烫，加入盐、香油，轻轻捏成絮状小块。

③ 焙干的花椒捻成花椒碎，与豆腐同拌。

④ 将豆腐和香椿分层加入圆柱形模具中。

⑤ 用勺轻压模型顶部，慢慢将模具脱出即可。

陈醋豆干

制作时间 35分钟　难易度 ★★

主料

豆干	1袋
花生米	250克
青红椒	各1个
香葱段、青豆	各适量

调料

山西陈醋	100克
白糖	20克
腐乳	半块

做法

① 花生用清水泡半小时，捞出，沥干水分。锅入油烧至温热，入花生炸至不再冒泡即可出锅。

② 豆干、青红椒均切成大小一致的方块。将陈醋、白糖、腐乳调成料汁。

③ 小葱切成小段，将所有主料混合，加入料汁即可。

豉香豆干

制作时间 15分钟　难易度 ★

主料

干豆豉	1袋
五香豆干	1袋

调料

香芹	1根
红尖椒	1个
蒜蓉	50克
色拉油	200克

做法

① 色拉油倒入锅中，待油温七成热时加蒜蓉，煸出蒜香味，加豆豉煸炒香，铲出。

② 五香豆干、红尖椒、香芹均切成长条。

③ 所有食材混合，加入熬好的蒜蓉油豆豉即可。

贴心提示

· 豆豉是经常用到的一种调料。可买些干豆豉自己制作成不同口味的油豆豉，放在玻璃瓶里可以保存好几个月。

爽口海凉粉

制作时间
10 分钟

难易度
★

主料

海凉粉	1袋
小金钩海米	25克

调料

蒜米	20克
香菜	15克
味极鲜	2勺
香醋	1勺
鸡精、盐	各1/4小勺
糖	1克
香油	5克

做法

① 海凉粉去除包装，切成小块，放碗中。

② 将海米清洗一遍，蒜和香菜切末。将海米、蒜末、香菜末和海凉粉放到一起。

③ 加入味极鲜、香醋、鸡精、糖、盐和香油，拌匀。

④ 装盘即可。

大拉皮

制作时间
15 分钟

难易度
★

主料

东北拉皮	200克
胡萝卜、黄瓜、黑木耳、心里	
美萝卜	各100克

调料

盐、蒜泥、醋、香油	各适量
香菜	少许

贴心提示

· 此菜调味方便，可依个人口
味加放辣椒等调味品。

做法

① 将拉皮煮熟，用凉水泡好，备用。

② 胡萝卜、黄瓜、心里美萝卜洗净，均切丝。

③ 黑木耳洗净，焯熟后切丝。

④ 把所有主料码入盘中。

⑤ 用蒜泥、香醋、盐、香油、香菜拌匀，调成味汁，装入油碟
中，与放原料的菜盘一同上桌即可。

1

3

4

5

第三章

畜肉禽蛋 开胃下饭

凉拌肉菜，包括猪畜肉禽肉，
味透肌里，好吃不腻。

青葱白肉

制作时间
25分钟

难易度
★ ★

主料

五花肉	500克
香葱	6根

调料

大料、桂皮、姜片	各适量
白芝麻	1大勺
干红辣椒	4个
陈醋	6茶匙
蒜碎	10克
老抽酱油	1/3茶匙
老干妈辣酱	1茶匙

做法

① 五花肉切成大小均匀的四方块，加入桂皮、大料、葱、姜，煮至成熟。

② 煮熟的五花肉切成厚片。

③ 白芝麻入锅中，用小火焙熟。

④ 香葱切段，垫在五花肉下。

⑤ 陈醋、老抽、老干妈辣椒酱、蒜碎入大碗中调匀，炝入辣椒油，做成汁料。

⑥ 熟芝麻撒进汁料里，调拌均匀，与五花肉同拌即可。

贴心提示

· 挑选五花肉时要选皮薄、肥瘦分布均匀的上好五花三层肉。

· 五花肉煮约1小时，用筷子轻扎，若猪肉软烂易扎透即可。制作此菜不宜将肉炖得过于软烂。

蒜泥白肉

主料

五花肉	500克
大蒜	50克

调料

陈醋	4茶匙
柠檬	2片
老抽	1/3茶匙
辣椒红油	2茶匙
香油、盐	各少许
大料、桂皮	各适量

做法

① 五花肉切整齐，放入冷水锅中，加入大料、桂皮、柠檬，边加热边撇去浮沫，煮至熟透。

② 煮熟的方肉取出，切成片，码入盘中。

③ 蒜瓣内加少许盐，放入蒜臼内捣成蒜泥。

④ 蒜泥内加入陈醋、红油、香油调拌均匀，浇在肉片上即可。

老醋泡肉

主料

卤猪肉	300克
青红椒	各60克
花生米	80克

调料

盐、味精、香油	各4克
陈醋	200克

制作时间
20 分钟

难易度
★

做法

① 卤猪肉切大片，摆入碗中。

② 青红椒均洗净，切圈。

③ 花生米洗净，控干水分，与青红椒圈同入油锅中炸熟，捞入装肉的碗中。

④ 加入陈醋、盐、味精、香油，浸泡入味即可。

香拌里脊丝

制作时间
25分钟

难易度
★★

主料

猪里脊肉	250克

调料

香菜	2根
盐	1/3茶匙
蒜末	3克
蚝油	1茶匙
老抽	2滴
湿淀粉、干红辣椒、葱丝各适量	

做法

① 里脊肉顶刀切片,再切成细丝。

② 用盐、湿淀粉将里脊丝抓匀,上浆后封油,静置20分钟。

③ 香菜切段,备用。

④ 炒锅烧热后倒入色拉油,待油温烧至七成热时加入里脊丝,快速滑炒至肉丝变色。

⑤ 将滑炒后的里脊丝铲出。将炒锅洗净,重新烧热。

⑥ 锅热后加入少量色拉油,用蒜末爆香,加入里脊丝,调入蚝油、老抽炒匀,出锅后加入葱丝、香菜,炝入辣椒油即可。

TIPS:

　　铁锅炒肉丝时常会出现粘锅现象,令好多家庭主妇非常头疼。其实,粘不粘锅完全在于火候的掌握。三点心得与大家分享:一是锅要全部烧热,而不是只加热锅底;二是入油后要将锅壁淋透;三是滑炒肉丝时要多些油,让肉丝有充分滑开的空间。

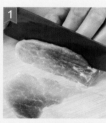

贴心提示

· 炒肉丝时要避免粘锅。锅要烧热后再加入色拉油,油再烧热后方可加入肉丝,这样就可以避免出现粘锅的现象。此菜晾凉后食用效果更佳。

水晶皮冻

主料

猪肉皮	500克
鸡蛋	2个

调料

盐、味精、料酒、葱段、姜块
各适量

制作时间
90分钟

难易度
★★

做法

① 将肉皮刮洗干净，放入沸水锅内氽透，捞出。

② 锅中另加清水，放入肉皮煮熟后捞出。

③ 将肉皮剁碎，倒回煮肉皮的原汁中。

④ 原汁加入盐、味精、料酒、葱段、姜块，烧沸后反复撇净油沫。

⑤ 熬成稠汁，拣去葱段、姜块。

⑥ 将鸡蛋磕入碗内，搅打成蛋液，淋入肉皮稠汁中搅匀。

⑦ 将稠汁趁热倒入瓷盘中，晾至凉透后放入冰箱。

⑧ 待稠汁冷凝成冻，取出切厚片，装盘即可。

镇江肴肉

主料

猪肘子	1000克

调料

盐	120克
绍酒	15克
熟芝麻	少许

葱结、姜片、硝水、老卤、葱花各适量

制作时间 数天　　难易度 ★★

做法

① 猪肘子洗净，淋上硝水腌几天。

② 处理好的肘子入锅，加盐、葱结、姜片、绍酒和老卤烧沸。

③ 焖煮至肘子酥烂，取出，将其皮朝下放入盆内，倒入原汁。

④ 撇去表层的浮油，冷透后即成肴肉。

⑤ 将肴肉切片，装盘，撒上芝麻、葱花即可。

黄瓜拌猪耳

主料

熟猪耳朵	300克
黄瓜	1根（100克）

调料

盐、味精、香油、清汤	各适量

做法

① 猪耳切成约3厘米长的丝。

② 黄瓜洗净，削去外皮，切成粗丝。

③ 将盐、味精、香油、清汤放入小碗中，调成味汁。

④ 将猪耳丝、黄瓜丝放入盘中，加入调好的味汁拌匀。

云片脆肉

主料

猪耳朵	500克

调料

盐	4克
酱油	8克
料酒	10克
白糖	15克
葱	5克

做法

① 猪耳朵去毛，洗净。葱洗净，切成葱花，备用。

② 猪耳朵放入开水锅中，加盐、料酒、酱油煮熟。

③ 猪耳捞出，切成片。

④ 油锅烧热，放入白糖、盐炒成汁，淋在猪耳朵上，撒上葱花即可。

煳辣耳片

主料

猪耳	200克
青椒	25克

调料

盐、酱油、味精、白糖、醋、蒜泥、辣椒油、花椒油、葱花、干辣椒、花椒、花生油各适量

制作时间 15分钟　难易度 ★

做法

① 猪耳刮去表面细毛，洗净。

② 猪耳放入沸水锅内汆片刻，捞出晾凉，切成薄片。

③ 青椒洗净，去蒂、籽，切成粗丝，待用。

④ 锅内加油烧热，下干辣椒、花椒炒出香味，取出剁细，制成煳辣末。

⑤ 将猪耳片、青椒放入碗内，加煳辣末、盐、味精、酱油、白糖、醋、蒜泥、葱花、辣椒油、花椒油拌匀即可。

白云猪手

主料

猪前后脚	各1只

调料

盐	45克
白醋	1500克
白糖	500克
五柳料（瓜英、锦菜、红姜、白酸姜、酸芥头制成）	
60克	

做法

① 将猪脚去净毛及趾甲，洗净，放入沸水锅中煮约30分钟，改用清水冲漂约1小时。

② 剖开猪脚切成块（每块重约25克），洗净。

③ 净锅加水烧沸，放入猪脚块煮约20分钟，取出。

④ 将猪脚块用清水冲漂约1小时，换沸水煮20分钟至六成软烂，取出晾凉，装入盛器中。

⑤ 将白醋煮沸，投入五柳料，加入白糖、盐煮至溶解，滤清。晾凉后倒入放猪脚的盛器里，浸泡腌渍6小时后即可食用。

主料

熟猪肚	250克
大葱	30克
彩椒	10克

调料

盐、味精、白糖、辣椒红油、花椒油各适量

做法

① 将熟猪肚、大葱、彩椒均切成丝，备用。

② 将熟肚丝、大葱丝和彩椒丝倒入容器内。

③ 调入盐、味精、白糖、辣椒红油和花椒油拌匀，装盘即成。

红油猪肚丝

主料

猪肚	1个（重约750克）
面粉	适量

调料

酱油90克，料酒60克，姜片10克，葱、蒜各5克，盐6克，香料包1个（含胡椒、花椒、桂皮、八角、砂仁、小茴香、丁香），醋适量

做法

① 猪肚用盐、醋和面粉搓洗净，清洗2~3次。

② 将猪肚放入沸水锅中氽烫，捞出，入冷水中过凉。

③ 锅内加适量清水，加入所有调料和香料包，烧开后煮20分钟，即成酱汤。

④ 将猪肚放入酱汤中，中火烧开，撇净浮沫，煮熟烂后捞出，晾凉切块，装盘即可。

酱猪肚

卤猪肝

制作时间
30 分钟

难易度
★★

主料

猪肝	2000克

调料

盐	100克
料酒	4小匙
味精	1大匙
葱段	20克
姜片	10克
酱油	3大匙

香料包1个（内装花椒、八角、丁香、小茴香、桂皮、陈皮、草果各适量）

做法

① 猪肝按叶片切开，用清水反复冲洗干净。锅内放入清水烧沸，加入葱、姜，再放入猪肝煮约3分钟，捞出。

② 锅内放清水，加入盐、味精、料酒、酱油、香料包，旺火烧沸，煮5分钟后关火。锅中放入猪肝焐至断生（切开猪肝，断面看不到血水），关火。

③ 边冷却边浸泡猪肝至入味，食用时切片装盘即可。

贴心提示

· 猪肝去异味：先用水冲洗净肝血，剥去外层薄皮，加牛奶浸泡几分钟即可。也可加米酒腌一下，再入沸水锅中余烫，也有去腥的作用。

温拌腰花

制作时间
20分钟

难易度
★

主料

猪腰	400克

调料

盐	4克
味精	2克
泡椒	30克
姜、蒜头	各20克

做法

① 猪腰处理干净，剖麦穗花刀，下沸水锅中氽水，捞出装盘。

② 泡椒洗净，剁碎。姜洗净，切末。蒜头去皮，切成蒜蓉。

③ 油锅烧热，放入泡椒、姜末、蒜蓉、盐、味精翻炒成味汁。

④ 将炒好的味汁倒在腰花上，拌匀即可。

贴心提示

· 猪腰的清洗：把猪腰外层薄膜撕去，横向剖开，片去里面白色筋状物，在外面斜剖花刀，切件后用细盐擦洗数次，清洗干净即成。

椒油拌腰花

主料

猪腰	300克
莴笋	50克
水发木耳	25克

调料

花椒油、酱油、盐、味精、料酒、鸡汤各适量

制作时间 20分钟　难易度 ★★

做法

① 将猪腰除去外皮，片成两半。片去猪腰上的腰臊，在片开的面上切麦穗花刀，再将猪腰切成块。

② 将猪腰块放入沸水锅中氽熟，捞出沥干水分。

③ 木耳切成两半，莴笋切成象眼片，一同放入沸水锅中焯水，捞出。

④ 将鸡汤、酱油、料酒、盐、味精、花椒油放入碗内，调匀成味汁。

⑤ 将腰花、木耳、莴笋放入碗内，倒入味汁拌匀即成。

风味麻辣牛肉

制作时间
10 分钟

难易度
★

主料

熟牛肉	250克
红辣椒	30克

调料

香菜	20克
熟芝麻	10克
香油、葱	各15克
辣椒油	10克
酱油	30克
味精	1克
花椒粉	2克

做法

① 熟牛肉切片。葱洗净，切段。红辣椒去蒂，切小粒。

② 将味精、酱油、辣椒油、花椒粉、香油调匀，制成调味汁。

③ 牛肉摆盘，浇上调味汁。

④ 撒上熟芝麻、红椒粒、香菜、葱段即可。

酱牛肉

制作时间
120 分钟

难易度
★★

主料

牛腱肉	1000克

调料

盐、姜、八角、花椒、桂皮、生抽、茴香、甘草、大葱、白糖、香叶、陈皮、五香粉各适量

做法

① 牛腱肉洗净，切成10厘米见方的大块，待用。

② 锅中入清水烧开，放入牛肉略煮一下，捞出，用冷水浸泡一会儿。

③ 将花椒、八角、陈皮、小茴香、甘草、桂皮和香叶包入纱布料包中。姜洗净，用刀拍散。

④ 锅中倒入适量清水，大火加热，依次放入香料包、葱、姜、生抽、白糖、五香粉，煮开后放入牛肉，继续用大火煮约15分钟，转至小火烧到肉熟。

⑤ 用筷子扎一下牛肉，能顺利穿过即可捞出，置于通风、阴凉处冷却。

⑥ 将冷却好的牛肉倒入烧开的汤中，小火煨半小时，盛出，冷却后切薄片即可。

主料

牛百叶	200克

调料

芥末糊、葱花、盐、味精、白糖、花生油各
适量

做法

① 将牛百叶洗净，切成细丝，放入沸水锅
内烫一下即捞出，沥干水分。

② 牛百叶丝放入碗内，加入盐、味精、白
糖、芥末糊拌匀。

③ 锅内放油烧热，下入葱花爆出香味，淋
在百叶上，拌匀即可。

芥末牛百叶

主料

牛肚	300克
蒜蓉	50克

调料

干辣椒段、葱花、红油、料酒、酱油	各10克
盐	5克

做法

① 牛肚洗净，切条。

② 牛肚条放入沸水锅中氽烫熟，捞出沥水。

③ 锅烧热下油，放干辣椒段爆一下，倒入料
酒、酱油，再依次放入红油、蒜蓉、盐。

④ 撒上葱花，翻炒炒匀，盛出后淋在牛肚
上即可。

大蒜炝牛肚

蒜味牛蹄筋

主料

牛蹄筋	300克
熟芝麻	3克

调料

盐	4克
葱花	10克
酱油、香油、蒜蓉	各15克

做法

① 牛蹄筋洗净，入开水锅煮透至回软呈透明状，捞出切片。

② 将牛蹄筋加入盐、酱油、香油搅拌均匀，装入盘中。

③ 将熟芝麻、葱花、蒜蓉撒在牛蹄筋上即可。

彩椒羊肉

主料

熟羊肉	250克
彩椒	50克
香菜	10克

调料

盐、味精、香醋、胡椒粉、香油	各适量

做法

① 将熟羊肉切薄片。彩椒洗净，去籽切丝。香菜择洗干净，切段备用。

② 熟羊肉倒入盛器内，调入盐、味精、香醋、胡椒粉、香油，再加入彩椒、香菜，拌匀即成。

豉香口水鸡

制作时间
40分钟

难易度
★★

主料

鸡腿	1只

调料

柠檬	2片
香叶	1片
大料	1颗
桂皮	少许
小香葱	2根
辣豆豉	2大勺
小干洋葱、小米辣	各2个

做法

① 将带骨鸡腿洗净，入清水锅中，加柠檬、香叶、大料和桂皮煮约30分钟，取出晾凉，备用。

② 晾凉的熟鸡腿剁成约半寸宽的鸡肉条。

③ 香葱切成小葱花，小干洋葱切成圈，待用。

④ 辣豆豉切碎。锅入油烧热，下入辣豆豉碎、小米辣炒香，制成豆豉红油。

⑤ 鸡腿上浇上豆豉红油，撒葱花、洋葱圈即可。

鲜辣尖椒鸡

制作时间
45 分钟

难易度
★★

主料

三黄鸡	半只
青红美人椒	共6根

调料

香叶	2片
大料	2颗
桂皮	3克
柠檬	适量
蒜瓣	3颗
辣鲜露	20克
美极鲜	15克
糙米白醋	20克

做法

① 将鸡放入冷水锅中，加上3片柠檬片、大料、香叶、桂皮，大火烧开后转至小火煮30分钟，出锅后迅速放入冷开水中浸泡3分钟，捞出晾凉，斩成寸块。

② 将青红美人椒切成小椒圈状。（若喜食辣味还可加入2个红色小米辣，也可根据自己口味自行调整）

③ 鲜蒜瓣切成薄片，与椒圈混合。

④ 将蒜片、辣鲜露和美极鲜混合。

⑤ 加入糙米白醋增加咸鲜度。

⑥ 调好的汁料里再挤入半个柠檬的柠檬汁，即成辣汁料。

⑦ 青红椒圈铺在鸡肉上，淋入调好的辣汁料即可。

贴心提示

· 挑选三黄鸡时一定不要选择太肥的，如果油较多还需要提前剔除。

· 汁料调好后至少在用餐前一小时以上倒入味道才棒！在夏季，可以倒入汁料后放入冰箱冷藏30分钟。

· 青红椒要选择美人椒，色泽悦目又不是很辣！

手撕椒麻鸡

制作时间
45分钟

难易度
★★★

主料

大鸡腿	1只
鲜青红椒	各100克
干红尖椒	10克
金橘	50克

调料

香菜	20克
柠檬	50克
大料	1颗
桂皮	5克
香叶	2片
椒麻油	15克
盐	1茶匙
熟芝麻	2克

做法

① 将干红辣椒切成小圈，金橘切成厚片，柠檬洗净切片。将鸡腿入冷水锅中，放入大料、桂皮、香叶、柠檬片，大火烧开。

② 转小火煮20分钟至煮熟，捞出鸡腿晾凉。青椒去籽，切丝。

③ 将红椒去籽后切丝。

④ 熟鸡腿去皮，将鸡肉剥下。

⑤ 将鸡腿肉撕成细丝。

⑥ 将切好的青红椒丝、香菜与鸡丝一同放入碗中。

⑦ 将椒麻油倒入锅中加热，放入干红辣椒圈，炸至呈枣红色。

⑧ 碗中加盐，浇辣椒油，撒熟芝麻，拌好装盘，摆上金橘装饰即可。

贴心提示

· 鸡腿宜选择鲜鸡腿。若用冷冻鸡腿，一定要充分解冻化开再进行加工，这样煮制的鸡腿吃起来才够爽滑。

· 煮鸡腿时加入柠檬片，既可去除腥味又能提升口感，是必不可少的。

白切鸡

制作时间 35分钟

难易度 ★★

主料

净肥嫩雏母鸡	1只

调料

葱	120克
姜	40克
植物油	120克
胡椒粉	少许
盐	15克
味精	8克

做法

① 母鸡宰杀后洗净，下沸水锅内浸烫熟（不宜过熟，一般烫15分钟左右即可）。

② 捞出母鸡，切成块。

③ 将鸡块放入盘中，拼成原鸡的形状，摆上鸡头、鸡翅。葱、姜切成细丝，将姜丝撒在盘中鸡块上。将热油浇淋在的姜丝上，撒上葱丝。

④ 锅中加入200克清水，在文火上烧开，加入胡椒粉、盐、味精熬成汁。

⑤ 将熬好的汁浇淋于鸡上即成。

三油西芹鸡片

主料

熟鸡脯肉	300克
西芹	100克

调料

盐、酱油、味精、白糖、醋、葱花、辣椒油、花椒油、香油、碎花生仁、香菜各适量

制作时间
25分钟

难易度
★ ★

做法

① 熟鸡脯肉片成厚约0.2厘米的大片。

② 西芹取梗洗净，下沸水锅焯烫，捞出。

③ 西芹梗斜切成马耳朵形，放入碗内，加少许盐、味精拌匀，腌渍入味。

④ 香菜洗净切成段。将盐、酱油、味精、白糖、醋、葱花、辣椒油、花椒油、香油拌匀，制成麻辣味汁。

⑤ 西芹装盘内，盖上鸡片，淋上调好的味汁。

⑥ 撒上碎花生仁、香菜段即成。

鸡丝拉皮

制作时间
30分钟

难易度
★★★

主料

鸡腿肉	200克
东北拉皮	2张
胡萝卜、黄瓜	各20克

调料

葱姜蒜末	各5克
陈醋	30克
蚝油	2茶匙
老抽	1/2茶匙
盐	2克
干红辣椒	2个
香菜	1根
湿淀粉、色拉油	各适量

做法

① 剔骨鸡腿肉切丝，加入盐、湿淀粉上浆后用油封好，静置大约20分钟。

② 胡萝卜、黄瓜均洗净，切成细丝，香菜切段。

③ 将拉皮放入热水中，用筷子拨散，并稍加入少许色拉油以防粘连。

④ 锅热后加入色拉油，油热后加入葱姜末，倒入鸡丝滑炒至颜色发白，再加入蚝油、酱油。炒好的鸡丝内加入拉皮继续翻炒，烹入一大勺陈醋。

⑤ 炒好的鸡丝拉皮内拌入胡萝卜丝和黄瓜丝，加入蒜末及香菜段，炝入用干辣椒炒制的辣椒油，晾凉即可。

贴心提示

· 鸡丝拉皮是一道经典家常菜，酸酸辣辣的味道一想起来就会让人流口水。这道菜看起来制作很简单，但火候是最不容易掌握的。因拉皮是淀粉制作而成，所以最容易粘锅。不过只要掌握要领很容易将这道菜做好。

鸡丝凉皮

主料

熟鸡脯肉、凉皮	各200克
黄瓜	100克
芝麻	少许

调料

盐、味精	各适量
香油、红油	各少许

做法

① 凉皮放入沸水锅中焯熟，捞起控干，装盘晾凉。黄瓜洗净，切成丝。

② 鸡脯肉撕成细丝，与黄瓜丝、凉皮一起装盘。

③ 将香油、红油、芝麻、盐、味精调匀，浇于凉皮上即可。

山椒鸡胗拌毛豆

主料

鸡胗	200克
毛豆	100克
泡山椒段、红椒	各30克

调料

盐、味精	各3克
香油、料酒	各10克

做法

① 鸡胗洗净，切片。

② 毛豆去皮，洗净。红椒洗净，切菱形片。

③ 上述处理好的原料均氽水，沥干，装盘。

④ 盘中加入泡山椒、盐、味精、香油、料酒拌匀即可。

芥味鸡丝黄豆芽

制作时间
40分钟

难易度
★★

主料

剔骨鸡腿肉	200克
黄豆芽	150克
粉丝	100克

调料

芥末油	10克
盐	4克
香油	2克
姜蒜末	6克

做法

① 鸡腿肉煮熟，粉丝煮软。用手将煮熟的鸡腿肉撕成鸡肉丝。

② 黄豆芽去根后择净，用开水焯一下，放入冷水中。

③ 将鸡肉丝、黄豆芽、姜蒜末、粉丝一同放入玻璃盛器里拌匀。

④ 加入香油、芥末油、盐拌匀，盛入盘中即可。

麻辣鸭块

主料

净鸭   半只

调料

花生油、酱油、醋、盐、白糖、花椒粉、料酒、味精、姜、葱白、干辣椒各适量

制作时间 40分钟

难易度 ★★

做法

① 葱洗净，一半切细末，一半切3厘米长的段。姜洗净，一半切片，一半切末。干辣椒切丝。

② 净鸭剁成均匀的长方块。

③ 鸭块放入碗内，加入姜片、葱段、料酒拌匀。

④ 鸭块连碗一起放入蒸锅内隔水蒸熟，取出，码入盘内。

⑤ 锅内注油烧热，下入干辣椒丝、葱末、姜末炒出香味。

⑥ 加入花椒粉、酱油、白糖、盐、料酒、醋烧开，加入味精盛出，浇在鸭块上即成。

主料

烤鸭肉	250克
韭菜	150克
绿豆芽	50克

调料

盐、酱油、味精、白糖、香油	各适量

做法

① 将韭菜洗净，切成段。烤鸭肉切丝。

② 绿豆芽掐去两头，洗净备用。

③ 绿豆芽下开水锅焯水，捞出后放入盘内垫底。

④ 盐、酱油、白糖、味精、香油放入碗中调匀，制成味汁。将韭菜段放在盘底，依次放上绿豆芽、鸭肉丝，浇上味汁拌匀即成。

鸭丝拌韭菜

主料

熟鸭腿肉	300克

调料

盐、味精、姜块、葱白、料酒、花生油各适量	

做法

① 姜块、葱白切成小丁，捣成蓉，放入碗内。

② 锅内加花生油烧至五成热，倒入盛葱姜的碗内炸香。

③ 将葱姜油晾凉，加入盐、料酒、味精调匀，制成味汁。

④ 将鸭腿肉切成1.5厘米宽的条，放入盘内，淋上味汁即成。

葱姜鸭条

盐水鸭

主料

鸭子	半只

调料

盐	100克

花椒、姜、八角、桂皮、料酒、葱各少许

制作时间
数天

难易度
★★★

做法

① 锅置火上，把盐、花椒放入锅里，用小火翻炒。

② 待花椒出香味、盐的颜色变成浅黄色时关火，趁热抹匀鸭子全身。

③ 取一容器或食品袋，把鸭子和多余的椒盐一并放入，放在冰箱冷藏室24~48小时。锅中加水烧开，把鸭子冲洗后放入锅中（水以刚刚淹没鸭子为准），放葱结、姜块、八角、桂皮，开锅时倒入一些料酒。

④ 大火烧沸10分钟，转小火再煮30分钟，待筷子能从肉厚处插透后关火。

⑤ 鸭子捞出晾凉（或放入冰箱内冷却一下），切成块，装盘，再浇上一勺原汁鸭汤即可。

桂花鸭

主料

鲜鸭　　　　1只（约重1800克）

调料

绍酒　　　　　　　　　　50克

桂花酱、盐、白糖、葱段、姜
块各30克

制作时间 数天

难易度 ★★

做法

① 鲜鸭宰杀，去毛洗净。将鸭舌抠出，剁去脚蹼。在鸭膛上切口，取出食管、气管和嗉囊。在鸭尖上横拉一刀，掏出内脏。姜、葱拍松。用盐在鸭身和鸭膛内搓匀，加葱、姜、绍酒腌渍1天。

② 将鸭身上的葱、姜拣去（留用），鸭放入沸水锅内汆水至鸭皮收紧，捞出，洗净。

③ 锅中加清水，放入葱、姜、绍酒、白糖、桂花酱，烧开后放入鸭子。

④ 小火煮1.5小时，将鸭捞出。

⑤ 将鸭脯拆下，切成一字条。

⑥ 鸭身也剁成一字条，装盘，上面铺上鸭脯条即可。

芥末鸭掌

主料

鸭掌	250克
芝麻	适量

调料

芥末粉、香油、醋、盐、鸡精
各适量

制作时间 30分钟　　难易度 ★★

做法

① 将鸭掌洗净，放入沸水锅内汆熟。

② 捞出鸭掌，去掉大骨，放入盘中。

③ 芝麻入锅炒熟，待用。

④ 将芥末粉加入适量开水调匀，加盖静置15分钟至有冲鼻辣味逸出。

⑤ 加入剩余调料拌匀，浇在鸭掌上，再撒上熟芝麻即可。

香卤永康鹅肥肝

制作时间 30分钟

难易度 ★★

主料

鹅肝	300克
黄瓜	1根

调料

卤汁	300克
盐	5克
味精	2克
酱油、料酒	各适量

贴心提示

· 鹅肝中的血水一定要冲洗干净，否则会影响成菜的口感。

做法

① 鹅肝洗净血水，沥干水分，入沸水锅中氽烫，捞出。

② 将鹅肝放凉，切片。黄瓜洗净，切片，备用。

③ 将卤汁放入锅中烧开，再将鹅肝放入卤汁中。

④ 锅中加剩余调味料，卤至鹅肝熟透后取出。

⑤ 鹅肝片与黄瓜片一起盛盘，淋上卤汁即可。

炝三丝

制作时间 25分钟　难易度 ★

主料

鸡蛋皮、鲜芸豆、鲜粉条各150克

调料

酱油、盐、料酒、姜末、清汤、香油各适量

做法

① 鲜芸豆择洗干净，入沸水烫一下，捞出过凉，凉透后斜刀切成丝。

② 鲜粉皮切成3.3厘米长的丝，鸡蛋皮切成丝，同芸豆丝一起将三丝调匀，盛在盘内。

③ 把酱油、盐、料酒、姜末、清汤调匀，浇在盘内三丝上。将香油烧热，浇在菜上即可。

贴心提示

· 烹调前应将豆筋择除，否则既影响口感又不易消化。芸豆的种子中含有一种毒蛋白，若未经高温处理，人食用后易造成中毒。为防止发生中毒，芸豆食前应进行预处理，可用沸水焯透或热油煸，直至变色熟透。

第四章

鱼虾蟹贝 鲜香可口

凉拌水产菜，海鲜河鲜均在列，
鲜美清爽，好吃易做。

葱椒鱼片

制作时间 15分钟　　难易度 ★

主料

鱼肉　　　　　　　　　　300克

调料

盐、味精、料酒、花椒、葱
叶、白糖、醋、香油、蛋
清、淀粉、冷鸡汁、花生油
各适量

做法

① 鱼肉洗净，顺肉的纹路切斜刀片。

② 鱼片放入碗内，加盐、料酒拌匀，再加蛋清、淀粉上浆，待用。

③ 将花椒和葱叶一并剁细，放入碗中。

④ 碗内淋入四成热油温的花生油烫香。

⑤ 碗内加入盐、味精、白糖、醋、香油和少许冷鸡汁调匀，制成葱椒汁。

⑥ 锅内放入清水烧沸，将鱼片分批入锅汆至断生。

⑦ 捞出鱼片，沥干水分，冷却后装盘，淋上味汁即可。

西湖醉鱼

主料

醉鱼（草鱼）干	500克

调料

醋	适量
香油	少许

制作时间
15分钟

难易度
★

做法

① 将醉鱼干切成块，码入盘中。

② 放入蒸锅内，蒸8分钟至鱼干蒸熟。

③ 取出鱼干晾凉，淋上少许醋和香油即可。

南京熏鱼

制作时间
50 分钟

难易度
★★

主料

草鱼	1条

调料

盐、酱油	各15克
桂皮	12克
茴香、黄酒	各10克
白糖	8克
香油、五香粉	各少许
葱、姜、黄油	各适量

做法

① 草鱼宰杀，去鳞、鳍、鳃及内脏，洗净。草鱼切成块，用葱、姜、黄酒、盐腌30分钟至入味。

② 锅中下油烧热，放入鱼块炸至呈金黄色且外皮变得硬脆，捞出。

③ 原锅内留少许油，放葱、姜、黄油、桂皮、茴香、酱油、白糖及少量汤水，熬成稠厚有黏性的五香卤汁。

④ 淋香油，把鱼块浸卤汁中，撒五香粉，捞起装盘即可。

贴心提示

· 鱼块不要切得太大，否则不易入味。用带皮与骨的横切鱼块，这样炸时不易散碎。

玫瑰风情三文鱼

制作时间
10 分钟

难易度
★

主料

三文鱼	200克
苹果	半个
柠檬	半个
甘蓝（卷心菜）	3片
橄榄油	1小勺
薄荷叶	适量

做法

① 苹果去皮去核，取半个切片，挤上少许柠檬汁。

② 三文鱼切片，备用。

③ 甘蓝洗净，切丝，铺到容器底部。

④ 将三文鱼片和苹果片码起来，中心用三文鱼片摆成玫瑰花形，点缀清洗后的薄荷叶，挤上柠檬汁，浇上少许橄榄油即可。

贴心提示

· 切好的苹果片用柠檬汁腌渍，以防氧化变黑。

· 橄榄油可以使三文鱼片口感更滋润。

五香熏鱼

主料

小黄花鱼	2500克

调料

白糖	400克
酱油	100克
料酒	1大匙
味精	2小匙
葱段	15克
姜片	10克
盐	适量
植物油　1000克（实耗250克）	
五香料包1个（内装花椒、八角、桂皮、茴香、丁香各适量）	

做法

① 黄花鱼洗净，沥干，在表皮上剞斜直刀纹。

② 锅内放油烧至五六成热，放入黄花鱼炸熟，捞出沥净油。

③ 锅中加入清水烧沸，放入盐、白糖、酱油、料酒、葱段、姜片和五香料包，熬煮成卤水。

④ 将黄花鱼放卤水中浸泡12小时入味，开火加热。

⑤ 将黄花鱼取出，摆在熏箅上，熏3分钟。

⑥ 食用时装盘，浇部分卤水即可。

糟香带鱼

主料

新鲜带鱼　　　　　　1条

调料

花椒、姜丝、料酒、糟卤、淀
粉、油各适量

制作时间 185 分钟　　难易度 ★★

做法

① 将带鱼洗净，切成段，待用。

② 将花椒、姜丝、料酒倒入容器中，放入带鱼段腌渍1小时，待用。

③ 将腌好的带鱼段取出，用厨房纸吸干水分，表面蘸上薄薄一层淀粉。

④ 锅入油烧至温热，下入带鱼段煎至两面成金黄色，出锅。

⑤ 将煎好的带鱼用厨房纸吸掉多余油分，放凉备用。

⑥ 将放凉的带鱼放入容器中，倒入糟卤浸泡2小时后即成。

麻辣鳝丝

主料

鳝鱼肉	200克
芹菜梗	50克

调料

盐、酱油、白糖、醋、味精、姜丝、辣椒油、花椒粉、香油、葱丝各适量

制作时间 15分钟

难易度 ★

做法

① 鳝鱼肉洗净，投入沸水中煮熟。

② 捞出鳝鱼肉晾凉，切成丝。

③ 芹菜梗洗净，在菜墩上拍破。

④ 芹菜切成丝，放入沸水锅中汆至断生，捞出。

⑤ 将鳝鱼丝、芹菜丝放碗中，加入姜丝、葱丝、盐、味精、酱油、白糖、醋、辣椒油、花椒粉、香油拌匀，装盘即可。

凉拌鱼皮

主料

青鱼皮	200克
熟芝麻	适量

调料

葱、香菜、香油、盐、鸡精、料酒、胡椒粉、花生油各适量

制作时间 10分钟　　难易度 ★

做法

① 青鱼皮洗净，沥干备用。

② 锅中加水，放入少许料酒、花生油烧开，放入鱼皮氽4~5分钟，捞出控干。

③ 将鱼皮切成粗丝，放入碗中。

④ 碗内加入盐、鸡精、葱花、香菜、香油、胡椒粉拌匀，装盘，撒入熟芝麻即可。

鱼鳞冻

制作时间
75分钟

难易度
★★

主料

大鱼鳞	约300克

调料

葱姜片	15克
料酒	1勺
盐	1小勺
青红椒圈	10克
味极鲜	2勺
香醋	1勺
鸡精	1/4小勺
香油	1小勺
辣椒油	1小勺

贴心提示

· 鱼鳞多清洗两遍，氽水后去
  除黏液，可以有效去腥。

· 煮鱼鳞的水不要过多，鱼鳞
  的3倍左右即可。

· 脱模的时候用牙签沿着保鲜
  盒和鱼鳞冻之间划过，使冻
  和容器分离，然后扣过来。
  如果太结实，就用吹风机热
  风吹一下底部，受热融化后
  就容易脱模了。

做法

大鱼鳞清洗干净，备用。

锅中烧开水，将鱼鳞氽水约1分钟，捞出。

锅洗净，重新倒水，放入鱼鳞，加入葱姜片和料酒。

大火烧开后盖锅盖，小火慢煮约40分钟，关火。

将汤汁滤出后自然晾凉。

成形后从保鲜盒脱模，切成块。

将味极鲜、香醋、鸡精、香油、辣椒油、盐拌匀，调成料汁。

将料汁浇到鱼鳞冻上，点缀青红椒圈即可。

尖椒虾皮

主料

虾皮	100克
彩尖椒	80克
香葱	10克

调料

味精、香醋、香油、白糖、辣椒油　各适量

做法

① 彩尖椒、香葱洗净，分别切成丁，备用。

② 将虾皮倒入容器内，调入味精、香醋、香油、白糖、辣椒油，拌匀。

③ 容器内再放入彩尖椒、香葱拌匀，装盘即成。

椿头拌大虾

主料

鲜海虾	400克
香椿头	100克

调料

酱油、醋、盐、味精、香油　各适量

做法

① 将香椿头洗净，入沸水中烫一下，捞出，用凉开水过凉，挤去水分，切成粗段，取一半放入盘中。

② 将醋、酱油、盐、味精、香油调匀成汁。

③ 大虾洗净，放入锅中，加盐、水煮熟，捞出剥去头、皮，去掉虾线，放入盛有香椿头的盘中，再将另一半香椿头盖上，浇上调好的汁即成。

鲜虾金针菇

制作时间 15分钟　难易度 ★

主料

莴笋	1根
金针菇	100克
鲜虾仁	200克

调料

柠檬（汁）	半个
小米辣	2个
姜蒜末、盐	各适量
醋	2大勺
白糖、辣鲜露	各1勺
生抽	2勺

做法

① 新鲜莴笋去皮洗净，切成薄片，备用。

② 将金针菇放入热水中焯烫2~3分钟，捞出过冷水。

③ 将处理好的鲜虾仁放入开水锅中汆熟。

④ 用厨纸巾将笋片的水分充分吸干，将笋片放于盛器最下面，依次放入金针菇、鲜虾。

⑤ 将葱姜末、小米辣、生抽、辣鲜露、白糖、柠檬汁调拌均匀，与其他食材混合即可。

扫码看视频

手撕虾仁鲜笋

制作时间 20分钟

难易度 ★★

主料

鲜笋	200克
虾仁	150克

调料

花椒	10粒
盐	2克

TIPS:

　　这是一道适合在春季食用的菜品。一场春雨过后，竹林里新笋破土而出，正是鲜嫩无比的时候，选一棵鲜笋再配上几个鲜虾仁，就是一盘上好的小菜。

做法

① 鲜虾去皮，入水焯熟后晾凉。

② 锅中倒入清水，加盐煮开。

③ 鲜笋洗净去皮，切成大小合适的条块。

④ 鲜笋块放入盐水锅中煮开，以去除其青涩味。

⑤ 煮好的虾仁用手撕开成小块。

⑥ 锅中入油烧热，下入花椒炸香，制成花椒油，炝于鲜笋、虾仁上即可。

贴心提示

· 把竹笋放平，用刀在笋壳表面竖着划一条线。不要太深，否则就不能得到完整的笋。接下来，在那条线处下手掰开即可轻松去皮。

烧椒拌金钩

主料

主料	
青椒、红椒	各1个
小金钩海米	约30克

料

料	
蒜米	10克
味极鲜	2勺
香醋	1勺
鸡精	1/4小勺
白糖	1克
香油	3克

做法

① 青红椒清洗干净，晾干水分。

② 锅中放少许油，加热至三四成热，放入青红椒，小火煎至表面呈虎皮色，盛出。

③ 小金钩海米清洗一遍，用纯净水泡3~5分钟至稍微回软，备用。

④ 煎好的青红椒撕去表皮，切成细条。

⑤ 将切好的青红椒和海米放到一起，放上切碎的蒜米。

⑥ 加入味极鲜、香醋、鸡精、白糖、香油拌匀即可。

醉虾

制作时间
10分钟

难易度
★

主料

鲜活大虾	10只

调料

白酒	350毫升
味极鲜	2勺
醋	1勺
芥末	5克

做法

① 将白酒倒入干净的容器中。

② 取10只鲜活的虾放入白酒中。

③ 醉制5~8分钟，醉至虾头变红。

④ 将虾捞出，蘸其余调料食用即可。（蘸料根据自己的口味调整）

贴心提示

· 腌虾用的酒，用量以没过虾为准。

· 购买虾时，可让商家用干净海水涮洗多次。不能用淡水洗，否则虾会死掉，失去好口感！腌至虾变红即可捞出食用，时间过长酒味会太重。一次不要做太多，现吃现做。

鲜蚕豆小河虾

主料

小河虾	300克
鲜蚕豆	150克

调料

淀粉	10克
盐	2克
色拉油	100克
椒盐	5克
辣椒粉	适量

制作时间 35分钟

难易度 ★★

做法

① 鲜蚕豆用清水泡20分钟，将表面清洗干净，以去掉蚕豆青涩味。

② 将小河虾头部的"虾枪"剪掉。

③ 将小河虾用盐、淀粉拌好。

④ 将鲜蚕豆低温炸至豆瓣浮上油面，捞出，将小虾炸至金黄。

⑤ 炸好的蚕豆与小虾混合，撒入椒盐、辣椒粉调拌均匀即可。

黄瓜拌琵琶虾肉

主料

干琵琶虾肉	200克
黄瓜	150克

调料

味精、香油、米醋、蒜泥、蚝油各适量

制作时间 20分钟　难易度 ★

做法

① 将干琵琶虾肉用水泡发开。

② 泡好的琵琶虾肉入锅内隔水蒸透，取出晾凉后改刀，备用。

③ 黄瓜洗净，用刀拍开，斜切成块，备用。

④ 将琵琶虾肉放入盛器内，调入味精、蒜泥、蚝油、米醋、香油。

⑤ 倒入黄瓜块拌匀即成。

生呛螃蟹

制作时间
半天

难易度
★★

主料

螃蟹（中等大小）	8只
干红辣椒	5个

调料

鲜姜	5片
八角	2个
桂皮	3~5片
花椒	30粒
鱼露	250毫升
盐	30克
高度白酒	40毫升

做法

① 将1瓶鱼露和4倍的水倒入锅中，加入盐和高度白酒。

② 放入干红辣椒、八角、桂皮、花椒和姜片，将汤水烧滚，晾凉。

③ 将鲜活的梭子蟹沥干水分，放入容器中。

④ 将晾凉的腌蟹汤水倒入容器中，汤水要完全没过螃蟹。

⑤ 不要盖盖子，直到螃蟹不再冒水泡，拧紧盖子，放入冰箱保存一夜，次日取出螃蟹，去鳃后即可食用。

贴心提示

· 好食材和好调料是成功的关键。一定要烧好卤汁，晾凉后再去买螃蟹，保证螃蟹是鲜活的。

豉香八带鱼

制作时间 10分钟　难易度 ★★

主料

八带鱼	1只

调料

辣豆豉	20克
小香葱	适量

贴心提示

· 八带鱼又名八爪鱼，其肉质
白嫩且含有丰富的蛋白质。

做法

① 新鲜的八带鱼清洗干净，将外皮的深褐色膜慢慢撕掉，其肉
会呈现出雪白色，切成寸段。

② 锅中加水，水开后放入八带鱼，沸水煮3分钟。

③ 将八带鱼放入盛器中。

④ 把辣豆豉剁碎后加入盛器。

⑤ 小香葱切碎后加入盛器即可。

芥末八带

制作时间
15分钟

难易度
★★

主料

八带	400克

调料

葱姜片	20克
料酒	1勺
盐	1小勺
醋	1/2小勺
鱼生酱油	2勺
生芥辣	5克

TIPS：

　　脆爽弹牙，简单美味，芥末八带好吃又过瘾。

做法

鲜活八带洗净。

将八带腿撸一遍，挤掉口器，备用。

锅中倒水，烧至七八成热，倒入料酒、葱姜片、盐和醋。

放入八带，水开后煮至变色打卷、头部变硬，捞出。

放入凉开水中过凉。

用鱼生酱油和生芥辣调好料汁，改刀或整只蘸食即可。

贴心提示

· 八带最好选用小的、活的，这样吃起来鲜嫩脆爽。大个的八带不容易掌握火候。

· 煮八带的时间不要太长，根据个头大小调节时间长短，加盐增加底味，放些醋可使八带脆爽。

芝麻鲜鱿圈

制作时间
15 分钟

难易度
★

主料

小鲜鱿	200克

调料

姜末、蒜末、熟芝麻、盐、干
红辣椒、色拉油各适量

贴心提示

· 小鲜鱿鲜嫩无比，小眼睛里
  泛着淡淡的荧光绿色，雪白
  的肉质决定了它的鲜嫩程
  度。买回来无需多做加工，
  只要简单处理一下即可！

做法

① 小鲜鱿洗净后去膜，切圈，入开水锅中焯3分钟，捞出。

② 姜末、蒜末、熟芝麻与鲜鱿圈同拌。

③ 加入适量盐。

④ 热锅加色拉油再烧热，入干红辣椒炸香，制成辣椒油，炝入
  鲜鱿圈内即可。

五味萝卜浸墨鱼

制作时间
15分钟

难易度
★★

主料

墨鱼仔	300克
樱桃萝卜	100克
小黄瓜	50克

调料

大蒜、姜	各10克
鲜柠檬	1个
盐、白糖、醋、辣酱、酱油各 1/2小匙	

做法

① 墨鱼仔洗净，切成小块。

② 墨鱼块下开水锅中烫熟，取出。

③ 萝卜切片，黄瓜切条，加少许盐腌一下。

④ 柠檬洗净，挤出柠檬汁。取一小块柠檬皮，切成小块。

⑤ 将柠檬皮、柠檬汁、辣酱、白糖、酱油、蒜、姜调匀，制成味汁。墨鱼块、萝卜片、黄瓜段装盘，浇上味汁即可。

泰式辣椒酱拌墨鱼仔

主料

剁辣椒	100克
墨鱼仔	250克

调料

蒜末	40克
白醋	4茶匙
白糖	2茶匙
柠檬汁、泰国鱼露	各20克
鲜小米辣椒	2个

制作时间 10 分钟

难易度 ★

做法

① 剁辣椒与鲜小米辣椒混合，放入小碗中。

② 加入白糖、蒜末调匀。

③ 挤入柠檬汁，加泰国鱼露、白醋拌匀成泰式辣椒酱，备用。

④ 洗净的墨鱼仔用水氽熟。（氽水时加入一些柠檬能有效地去除墨鱼的腥味）

⑤ 将自制泰式辣椒酱与墨鱼仔混合即可。

葱拌比管鱼

主料

比管鱼	300克
大葱	50克

调料

盐、味精、香醋、酱油、香油、胡椒粉各适量

制作时间
10分钟

难易度
★

做法

① 比管鱼宰杀，洗净，切块。

② 大葱择净，切段，备用。

③ 净锅上火，倒入水烧开，下入比管鱼氽熟，捞起过凉。

④ 将比管鱼倒入盛器内，调入盐、味精、香醋、酱油、香油、胡椒粉拌匀。

⑤ 加入大葱段，拌匀装盘即成。

温拌螺片

制作时间
15分钟

难易度
★★

主料

大海螺	4只

调料

葱姜片	15克
料酒	1勺
葱丝	10克
青红椒丝	各5克
味极鲜、醋	各2勺
鸡精	2克
香油	1小勺
糖、盐	各1克
花椒油	1/2勺

做法

① 大海螺清洗干净，备用。

② 锅中加水，放入葱姜片和料酒，将海螺口朝下，冷水下锅，开锅后煮约8分钟。

③ 将海螺顺势从壳中转出来，去掉内脏和螺脑，留螺头备用。

④ 将葱丝和青红椒丝提前泡入纯净水中，泡至卷曲。

⑤ 趁热将螺头切片，放入葱丝和青红椒丝，加剩余调料拌匀，装盘即可。

贴心提示

· 煮海螺要口朝下，可使肉厚的螺头尽快成熟，开锅后根据海螺的大小调节时间，不要煮老，以免影响口感。

捞汁响螺肉

制作时间 12分钟　难易度 ★

主料

鲜海螺	1千克
金针菇	20克

调料

鲜花椒、盐	各2克
小米辣	2个
青柠檬	半个
姜末、蒜末	各3克
米醋	20克
辣鲜露	10克
生抽	2勺
白糖	1勺
蚝油	1小勺

做法

① 将新鲜海螺放入开水中汆烫成熟，待其不再冒出血水时即可捞出。

② 在姜末、蒜末内挤入青柠檬汁，再依次加入米醋、辣鲜露、生抽、白糖、蚝油，调匀成料汁。

③ 金针菇用开水焯烫3分钟，捞出后放入冷水中。

④ 海螺肉取出后去内脏，片成薄片后挤干多余水分，和金针菇一起拌匀，浇入已调好的料汁装盘即可。

老胡同拌麻蛤

主料

麻蛤（毛蛤蜊）	500克
黄瓜丝	200克

调料

蒜末、姜末、酱油	各1茶匙
醋	2茶匙
干红辣椒	少许
盐	适量

制作时间 10分钟　难易度 ★

做法

① 把姜蒜末、醋、酱油和盐调和在一起，做成料汁。麻蛤放入开水中汆水。

② 锅中开水再次沸腾时，所有麻蛤壳全部打开且不再渗出血水，捞出去壳，并控干水分。

③ 黄瓜丝垫底，放入麻蛤肉及调配好的料汁，炝入用干红辣椒做成的辣椒油即可。

毛蛤蜊拌菠菜

制作时间
15分钟

难易度
★

主料

毛蛤蜊	500克
菠菜	300克
大蒜	5瓣

调料

味极鲜	3勺
香醋	2勺
白糖	1/3小勺
香油	1小勺
鸡精	1/4小勺

做法

① 毛蛤蜊用小刷子沿着壳的纹路清洗干净。

② 水烧开，放入蛤蜊煮2~3分钟至开口，捞出。

③ 毛蛤蜊取净肉。

④ 菠菜焯水，3~5秒钟后捞出，入凉开水过凉。

⑤ 菠菜沥干水后切4厘米长的段，大蒜切末，放入蛤蜊肉。

⑥ 加味极鲜、香醋、香油、鸡精和白糖拌匀即可。

贴心提示

· 毛蛤蜊汆水的时间要短，否则肉会变皮，影响口感。蛤蜊肉也可以用澄清的蛤蜊原汤清洗几遍。

· 汆菠菜时加几滴色拉油，可保持菠菜翠绿的色泽。

姜汁毛蛤蜊

制作时间
10 分钟

难易度
★

主料

毛蛤蜊	500克

调料

姜末	40克
盐	1小勺
香醋	3勺
味极鲜	2勺
白糖、鸡精、香油	各1/2小勺

做法

① 将毛蛤蜊用刷子顺着外壳的纹理刷洗干净。

② 锅置火上，加入水烧至八九成热。

③ 倒入毛蛤蜊，加入盐煮3~4分钟至开口，立刻捞出。

④ 姜末、香醋、味极鲜、白糖、鸡精、香油倒入容器中，调成姜醋汁，备用。

⑤ 去壳取肉，蘸食即可。

贴心提示

· 毛蛤蜊下锅和出锅的火候要掌握好，开锅后逐个从锅中拣出，可以保证肉质鲜嫩。

香菜拌海肠

主料

海肠	500克
香菜	30克

调料

盐、味精、生抽、白糖、蒜泥、白醋、香油各适量

制作时间
10 分钟

难易度
★

做法

① 海肠处理干净，切成段。香葱择洗干净，切成段，备用。

② 炒锅上火，倒入水烧沸，下入海肠、香菜汆熟，捞起过凉，控净水分，备用。

③ 将蒜泥、生抽、白醋、白糖、盐、味精、香油入盛器内调匀，倒入海肠、香菜拌匀，装盘即可。

老醋蜇头

制作时间
半天

难易度
★★

主料

蜇头	500克
黄瓜	1.5根
木耳	40克

调料

大蒜	5瓣
红椒末	10克
香菜段	20克
陈醋	3勺
味极鲜	2勺
盐、糖	各1/4小勺
香油	3克

贴心提示

· 海蜇头的处理要注意：首先
是浸泡清洗，清洗要仔细并
勤换水，要泡掉蜇头的矾
和盐；其次是汆烫，水温要
80~90℃，汆烫的时间要短，
几秒钟烫好后，立即捞出投
入凉水。

· 老醋蜇头要选用上好的陈
醋，以保证口味最佳。味极
鲜的比例可以根据自己口味
适当调整，但酸口是主导。

做法

1 蜇头用冷水浸泡10小时以上，中间换3次水，直至咸味基本泡掉。

2 将蜇头片成抹刀片，入九成开的水中余2~3秒钟，即刻捞出。

3 投入凉开水中过凉。

4 发好的木耳洗净。锅中烧开水，下入木耳焯水，备用。

5 木耳晾凉。黄瓜洗净、拍碎，切块。蒜切末，红椒切末，香菜切小段。将海蜇头沥水，所有材料放入碗中。

6 加入陈醋、味极鲜、盐、糖、香油，拌匀即成。

海虹拌菠菜

制作时间 10分钟

难易度 ★

主料

海虹	300克
菠菜	200克

调料

蒜米	1勺
橄榄油	1小勺
味极鲜	2勺
醋	1勺
白糖、盐	各1/4小勺
鸡精	2克
花椒油	1小勺

做法

① 将海虹择净杂物，用流水充分清洗干净。

② 开水上屉，盖上锅盖，旺火蒸2~3分钟至海虹开口。

③ 晾凉后去壳取肉。

④ 菠菜清洗干净，水开后下锅。

⑤ 烫5~6秒钟即刻捞出，放到纯净水中过凉。

⑥ 将菠菜切3~4厘米长的段，和海虹肉放到一起，加入蒜米、橄榄油、味极鲜、醋、白糖、鸡精、盐和花椒油。

⑦ 将所有材料拌匀，盛入容器即可。

贴心提示

· 海虹要开水上屉蒸制，时间不宜过长，否则会缩得比较小，口感也不好。

· 菠菜烫软变色后即刻捞出，放到凉水中，以保持清爽的口感。

· 花椒油超市有售，添加后别具风味。

干贝西芹

制作时间
25 分钟

难易度
★★

主料

干贝	150克
西芹	100克

调料

花椒	10粒
色拉油	少许
花雕酒	200克
盐	适量

贴心提示

· 干贝可常备在家中，做汤、菜时
　放几粒进去，是提鲜的好秘方。

做法

① 干贝放入锅中，加入花雕酒，小火煮开至干贝柔软，并在酒
　中浸泡晾凉。

② 西芹改刀成寸段，放入水中焯3分钟后捞出，置于冷水中。

③ 将泡发好的干贝捞出，与西芹混合，加入适量盐调味。

④ 锅热入油，下花椒炸香，炝入干贝、西芹中即可。